人工智能
——风险·回报·未来

陈根◎著

中国纺织出版社有限公司

内 容 提 要

2023 年，ChatGPT 大爆发第一次让人类看到了真正期待的人工智能的样子。今天，以 ChatGPT 为代表的人工智能已经不再局限于传统的人工智能应用领域，而是涵盖了社会生产和生活的各个行业，并展现出前所未有的颠覆性力量——本书正是立基于此，在 ChatGPT 引发新一轮人工智能浪潮的背景下，回溯人工智能技术发展历程；对人工智能引发各行各业的冲击与变革进行了细致分析，涵盖医疗、教育等十五个行业；同时，本书还对当前人工智能产业发展和人工智能所面临的挑战与风险进行了探讨和分析，让读者全面地了解到这个呼之欲出的人工智能时代。

图书在版编目（CIP）数据

人工智能：风险·回报·未来 / 陈根著. –– 北京：中国纺织出版社有限公司，2024.4

ISBN 978-7-5229-1529-6

Ⅰ. ①人… Ⅱ. ①陈… Ⅲ. ①人工智能 Ⅳ. ①TP18

中国国家版本馆 CIP 数据核字（2024）第 060984 号

RENGONG ZHINENG FENGXIAN HUIBAO WEILAI

责任编辑：华长印　车定杰　　责任校对：寇晨晨
责任印制：王艳丽

中国纺织出版社有限公司出版发行
地址：北京市朝阳区百子湾东里 A407 号楼　邮政编码：100124
销售电话：010—67004422　传真：010—87155801
http://www.c-textilep.com
中国纺织出版社天猫旗舰店
官方微博 http://weibo.com/2119887771
北京华联印刷有限公司印刷　各地新华书店经销
2024 年 4 月第 1 版第 1 次印刷
开本：710×1000　1/16　印张：15.5
字数：205 千字　定价：89.80 元

前　言

　　2022 年是人工智能（AI）的一个分水岭。这一年，ChatGPT、DALL.E 和 Lensa 等几个面向消费者的人工智能应用程序陆续发布，第一次让人类看到了真正期待的人工智能的样子。人工智能领域也由此完成了一次范式转换。

　　其实，在 2022 年之前，人工智能就已经覆盖了我们生活的方方面面——我们打开手机浏览的短视频是人工智能根据我们喜好做出的算法推荐；网上购物，首页上显示的是人工智能推荐的用户最有可能感兴趣、最有可能购买的商品；科技化程度越来越高的自动驾驶汽车，背后离不开人工智能机器学习和计算机视觉的支持；广泛存在于安保、门禁领域的扫脸验证是人工智能通过分析图像和视频来自动识别和确认人脸身份。对于人工智能的应用，有些我们深有所感，有些则悄无声息浸润在社会运转的琐碎日常中。

　　不过，在 2022 年以前我们所经历的一切，都还是狭义人工智能阶段，也就是说，我们生活中所有的人工智能产品只能执行单一任务，或者说人工智能还不具备类人的"智能"，只是停留在大数据统计、检索的阶段。也就是我们在生活使用中所感受的，过去的人工智能所展现的"智能"是非常初级和狭隘的"智能"。

从根本上来说，过去的人工智能在类人语言逻辑层面并没有真正的突破，这就使所有人工智能产品依然停留在大数据统计分析层面，超出标准化的问题，人工智能就不再智能，无法自我生成类人的逻辑语言，从而变成了"智障"。可以说，2022年之前的人工智能在很大程度上还只能做一些数据的统计与分析，包括一些具有规则性的读听写工作，所擅长的工作就是将事物按不同的类别进行分类，与理解真实世界的能力之间，还不具备逻辑性、思考性。

但ChatGPT的出现改变了这一切。事实上，ChatGPT之所以被认为具有颠覆性，其中最核心的原因就在于其具备了理解人类语言的能力，这是我们在过去无法想象的，我们几乎想象不到有一天基于硅基的智能能够真正被训练成功，能够理解我们人类的语言。这一突破，意味着ChatGPT可以像一个通用的任务助理，能够和不同行业结合，衍生出很多应用的场景。

比如，接听电话或者处理邮件，帮助客户订旅馆、订餐，根据固定格式把数据、信息填入合同、财报、市场分析报告、事实性新闻报道内的工作，在现有文字材料里提炼大纲、梳理要点的工作，将会议的实时文字记录提炼成会议简报，撰写一些流程性、程式化文章的工作等。这些工作，都是基于ChatGPT或其他大模型的产品可以应用的场景。

不仅如此，具备了相当的理解准确性与逻辑性的ChatGPT还具有强大的学习能力。当我们给它提供一段文字，一篇文章的时候，它就能够从中非常快速的总结与提炼出要点，并且这些学习与理解的能力与速度，远超我们人类的能力。

就像我们人类的思考和学习一样，比如，我们能够通过阅读一本书来产生新颖的想法和见解，人类发展到今天，已经从世界上吸收了大量数据，这些数据以不可估量的方式改变了我们大脑中的神经连接。人工智能大型语言模型也能够做类似的事情，并有效地引导它们自己的智能。可以预见，以 ChatGPT 比人类更为强大的学习能力，再结合参数与模型的优化，ChatGPT 将很快在一些专业领域成为专家级水平，它们的进化速度也会超越我们的想象。

可以说，ChatGPT 为通用人工智能打开了一扇大门，真正让人工智能落了地。对于 ChatGPT，马斯克（Elon Reeve Musk）感叹"我们离强大到危险的人工智能不远了"，比尔·盖茨（Bill Gates）则表示，聊天机器人 ChatGPT 的重要性不亚于互联网的发明。

当前，以 ChatGPT 为代表的人工智能已经不再局限于传统的图像和语音识别、自然语言处理等领域，而是涵盖了金融、教育、科研、医疗、制造业、零售等各个行业，并且在这些领域中加速落地，展现出前所未有的颠覆性力量——本书正是立基于此，在 ChatGPT 引发新一轮人工智能浪潮的背景下，回溯人工智能技术发展历程，详细介绍了人工智能成功背后的技术地图；并对人工智能引发各行各业的冲击与变革进行了细致分析，涵盖医疗、教育、科研、法律、金融、交通、零售、制造业、创作、新闻、生活、农业、城市、政府、服务业十五个行业；同时，本书还对当前人工智能产业发展和人工智能所面临的挑战与风险进行了探讨和分析。本书文字表达通俗易懂，易于理解，富于趣味，内容上深入浅出，循序渐进，能够让读者全面地了解到这个呼之欲出的人工智能时代。

ChatGPT 的出现，预示着一个真正的人工智能时代已经开启，人机协同的时代正在加速到来。而人类智能的历史使命，或许就是创造出人工智能，终有一天，它会像 500 年前的哥伦布那样，勇敢的离开旧大陆，冲出银河系，代替我们人类，去探索无边的宇宙。

在今天，如果我们还不能对人工智能进行深入的了解，那么我们在这场人类历史的第四次工业革命中，将会很快被时代所抛弃。因此，阅读这本书就显得尤为重要，能够让我们一起思考正在到来的时代。这本书的英文版也是目前华人中，唯一一本关于人工智能的思考书籍，能够被马克思普朗克研究所收藏的书。

感谢中国纺织出版社有限公司出版此书的中文版，而我对中文版的一些内容也做了更新，以便更好地贴近当前的技术趋势，能够更好地跟大家分享关于人工智能技术所引发的这个巨变时代。

陈根

2023 年 10 月 1 日于中国香港

目　录

1001101011100001010100101010010111101000101010000111111
10011010111000010101001010100101111010001010100001
100110101110000101010010101001000011010110101011111100
100110101110000101010010101010010111101000000101010100
10011010111000010101001010100101101010101010101010
100110101110000101010010101001011101010000101110010101110
10011010111000010101001010100101101010101011010110
100110101110000101010010101011000010101010101111010100
10011010111000010101001011100001010101010111001010100100110101
100110101110001011010101101000010101010100010101001
100110101101011010100010100110010011001001010101010
10011010111001001010101010010011001001010100101010101
10011101010101010110010101011001001010101000111100101010
100110101110000101010010101001011101010101011001001010
100110101110000101010010110101010110111000101010001111010
100110101110000101010010101010101010101100110101010101
1001101011100001010010100100011100010101010111001010110010010
10011010111000010101001010100001110000101010101111000101011011001001
1001101011100010101001011010110100010001110010111000100010
100110101011100001000011000010111001101011100101100010101010101000010010011
1001101011100010101001010010010110101010111100001101111001011001
100110101110000101010010101010110101010101010101110011001
10011010101010101011110001010101010101011100011010100

```
┌─────────────────────┐
│                     │
│     Chapter         │
│        1            │
│                     │
└─────────────────────┘
```

第一章

人工智能际会风云

1.1 人工智能三起两落

人工智能，或者说 AI，这个概念对于今天这个时代的我们都已经不陌生，甚至在积极地学习与拥抱人工智能技术。然而这项技术并不是横空出世的，人工智能技术的研究可以追溯到 20 世纪 40~50 年代。当时在计算机技术的推动下，一些学者、研究者开始思考，机器是否可以被训练成具备像人一样的思维。在这个时期最著名的事件，即图灵（Turing）提出了他的著名"图灵测试"，测试能否使机器模仿人类的思考和行为模式，被判定为"听起来就像人类"的程序在测试中完成，正式开启了人类对于人工智能的研究之路。

在人工智能起步的初期，研究人员就开始寻找一些可执行的算法模型，希望通过这种模型实现人工智能。显然，由于人工智能技术是依托于计算机技术构建，而计算机技术的运算又基于算法技术。因此，要想让计算机拥有智能的可能性，就需要通过计算机的算法方式来开展研究。在初期阶段，学界和科学家们也找到了一些有效的模型，比如逻辑理论家（Logic Theorist）和通用问题解决器（General Problem Solver）。这些初期的研究一直持续到 1955 年，也就是达特茅斯会议（Dartmouth Conference）的召开，正式开启了人工智能的大门。

在整个人工智能技术的研究过程中，也一直充满着曲折与困难，包括对于技术路线，以及人工智能是否真正能够具备类人智能的可能性等方面的问题。直到 2022 年，ChatGPT 横空问世，不仅掀起了人工智能技术的狂潮，最核心的是让我们看到了基于硅基的智能具备了拥有碳基智能的可能性。几乎一时间，互联网铺天盖地都是关于人工智能的讨论。

ChatGPT 作为聊天机器人的性能的确是前所未有的强悍，可以说是上知天文下知地理，可以模拟人类说话的方式，和我们进行沟通互动，多才多艺，既能写唐诗，又能编代码，还可以替我们写工作周报。

就连埃隆·马斯克在体验 ChatGPT 后也直呼"好得吓人"，甚至断言"我们离强大到危险的人工智能不远了"，比尔·盖茨则表示，聊天机器人 ChatGPT 的重要性不亚于互联网的发明。

其实，作为计算机科学的一个分支，人工智能的诞生不过短短 70 年，70 年间，伴随了几代人的成长，人工智能经历了技术的跌宕和学术门派的斗争，经历了混乱的困惑和层峦叠嶂般的迷思，在人工智能经历三起两落，再到今天获得前所未有的成功之下，人工智能的下一步将走向何处？

1.1.1 从古老想象到走进现实

人工智能虽然是一项近现代才出现的技术，实际上，人类对人造机械智能的想象与思考早已有之。

在古代的神话传说中，技艺高超的工匠可以制造人造人，并赋予其智能或意识，比如希腊神话中出现了赫淮斯托斯的黄金机器人和皮格马利翁的伽拉忒亚这样的机械人和人造人；根据列子辑注的《列子·汤问》记载，中国西周时期也出现了偃师造人的故事；犹太人传说中具有生命形式的泥人；印度传说中，守卫佛祖舍利子则模仿古希腊罗马自动人形机的设计造了机器人武士。

神话中，地球上第一个行走的机器人叫塔洛斯，是个铜制的巨人，大约2500 多年前降生在希腊克里特岛匠神赫菲斯托的工棚。据荷马史诗《伊利亚特》描述，塔洛斯当年在特洛伊战争中负责守卫克里特。塔洛斯需要一日之内巡岛三圈，寻找闯入者。当他看到船只驶向海岸时，就向他们的船扔巨石，如果有幸存者上岸，塔洛斯就会加热金属身体，把受害者放到炽热的胸前压死。

在古希腊时期，像塔洛斯一样的机器人还有很多，埃德利安·梅耶

（Adrienne Mayor）甚至在《诸神与机器人》（*Gods and Robots*）中把希腊古城亚历山大港称为最初的硅谷，因为那里曾经是无数机器人的家园。

古老的机器人虽然跟现在一般意义上的人工智能风马牛不相及，但这些尝试都体现了人类复制、模拟自身的梦想。法国索邦大学计算机学教授让－加布里埃尔·加纳西亚（Jean-Gabriel Ganascia）认为，古代神话中人形物体被赋予生命，与今天人们想象和担忧的"通用人工智能"，即具有超级智能的机器，都更多属于想象而不是科学现实。

人类对人工智能的幻想阶段一直持续到了 20 世纪 40 年代。

由于第二次世界大战交战各国对计算能力、通信能力在军事应用上迫切的需求，使得这些领域的研究成为人类科学的主要发展方向。信息科学的出现和电子计算机的发明，让一批学者得以真正开始严肃地探讨构造人造机械智能的可能性。

在 1935 年春天的剑桥大学国王学院，年仅 23 岁的图灵第一次接触到了德国数学家大卫·希尔伯特（David Hilbert）"23 个世纪问题"中的第十问题："能否通过机械化运算过程来判定整系数方程是否存在整数解？"

图灵清楚地意识到，解决这一问题的关键在于对"机械化运算"的严格定义。考究希尔伯特的原意，这个词大概意味着"依照一定的有限的步骤，无须计算者的灵感就能完成的计算"，这在没有电子计算机的当时已经称得上既富想象力又不失准确的定义。但图灵的想法更为单纯，机械计算就是一台机器可以完成的计算，用今天的术语来说，机械计算的实质就是算法。

1936 年，图灵在伦敦权威的数学杂志上发表了划时代的重要论文《论可计算数及其在判定问题上的应用》，在这篇开创性的论文中，图灵给"可计算性"下了一个严格的数学定义，并提出著名的"图灵机"设想。图灵机不是一种具体的机器，而是一种思想模型，可制造一种十分简单但运算能力极强的计算机装置，用来计算所有能想象得到的可计算函数。图灵机的提出对于后来人工智能的发展尤为重要，正是基于图灵机的设想，科学家们才能够深入理解计算和算法的基本原理。

1950 年，图灵再次发表了论文《计算机器与智能》，首次提出了对人工智能的评价准则，即闻名世界的"图灵测试"。图灵测试是在测试者与被测试者（一个人和一台机器）隔开的情况下，由测试者通过一些装置向被测试者随意提问。经过 5 分钟的交流后，如果有超过 30% 的测试者不能区分出哪个是人、哪个是机器的回答，那么这台机器就通过了测试，并被认为具有人类水准的智能。

图灵测试从行为主义的角度对智能进行了重新定义，它将智能等同于符号运算的智能表现，而忽略了实现这种符号智能表现的机器内涵，将智能限定为对人类行为的模仿能力，而判断力、创造性等人类思想独有的特质则必然无法被纳入图灵测试的范畴。

但无论图灵测试存在怎样的缺陷，它都是一项伟大的尝试。自此，人工智能具备了必要的理论基础，开始踏上科学舞台，并以其独特的魅力倾倒众生，带给人类关于自身、宇宙和未来的无尽思考。

1956 年 8 月，在美国达特茅斯学院中，约翰·麦卡锡（John McCarthy，LISP 语言创始人）、马文·闵斯基（Marvin Minsky，人工智能与认知学专家）、克劳德·香农（Claude Shannon，信息论的创始人）、艾伦·纽厄尔（Allen Newell，计算机科学家）、赫伯特·西蒙（Herbert Simon，诺贝尔经济学奖得主）等科学家聚在一起，讨论着一个不食人间烟火的主题：用机器来模仿人类学习以及其他方面的智能。这样就是著名的达特茅斯会议。会议足足开了两个月的时间，讨论内容包含自动计算机、编程语言、神经网络、计算规模理论、自我改进（机器人学习）、抽象概念和随机性及创造性，虽然大家没有达成普遍的共识，但是却将会议讨论的内容概括出一个名词：人工智能。

1956 年也因此成为人工智能元年，世界由此变化。

1.1.2　一起一落和再起又落

达特茅斯会议之后的数年是大发现的时代。这一阶段开发出的程序令人们真正感受到了人工智能的神奇：人工智能可以解决代数应用题、证明几何定理、学习和使用英语。

当时大多数人几乎无法相信机器能够如此"智能"。1961 年，世界第一款工业机器人尤尼梅特（Unimate）在美国新泽西的通用电气工厂上岗试用。1966 年，第一台能移动的机器人摇摇（Shakey）问世，同年诞生的还有伊莉莎（Eliza）。伊莉莎可以算作今天亚马逊语音助手 Alexa、谷歌助理和苹果语音助手 Siri 们的"祖母"，"她"没有人形，没有声音，就是一个简单的机器人程序，通过人工编写的 DOCTOR 脚本跟人类进行类似心理咨询的交谈。

伊莉莎问世时，机器解决问题和释义语音语言的苗头已经初露端倪。但是，抽象思维、自我认知和自然语言处理功能等人类智能对机器来说还遥不可及。但这并不能阻挡研究者们对人工智能的美好愿景与乐观情绪，当时的科学家们认为具有完全智能的机器将在二十年内出现。而当时对人工智能的研究几乎是无条件地支持，时任 ARPA 主任的约瑟夫·利克莱德（Joseph Carl Robnett Licklider）相信他的组织应该"资助人，而不是项目"，并且允许研究者去做任何感兴趣的方向。

但是好景不长，人工智能的第一个寒冬很快到来。

20 世纪 70 年代初，人工智能开始受到批评，即使是最杰出的人工智能程序也只能解决它们尝试解决的问题中最简单的一部分，也就是说所有的人工智能程序都只是"玩具"。人工智能研究者们遭遇了无法克服的基础性障碍。由于技术上的停滞不前，投资机构纷纷开始撤回和停止对人工智能领域的投资。比如，美国国家科学委员会（National Research Council，NRC）在拨款二千万美元后停止资助。1973 年，詹姆斯·莱特希尔爵士（Sir James Lighthill）针对英国人工智能研究状况的报告批评了人工智能在实现其"宏伟目标"上的完全失败，并导致了英国人工智能研究的低潮。美国国防高级研究计划局（Defense Advanced Research Projects Agency，DARPA）则对卡内基梅隆大学（CMU）的语音理解研究项目深感失望，从而取消了每年三百万美元的资助。到了1974年已经很难再找到对人工智能项目的资助。

然而，当人类进入20世纪80年代时，人工智能的低潮出现了转机。一类名为"专家系统"的人工智能程序开始为全世界的公司所采纳，专家系统能够依据一组从专门知识中推演出的逻辑规则在某一特定领域回答或解决问题。

例如，1965年起设计的Dendral能够根据分光计读数分辨混合物，1972年设计的MYCIN能够诊断血液传染病，准确率69%，而专科医生是80%。1978年，用于电脑销售过程中为顾客自动配置零部件的专家系统XCON诞生，XCON是第一个投入商用的人工智能专家，也是当时最成功的一款。

人工智能再一次获得了成功，1981年，日本经济产业省拨款八亿五千万美元支持第五代计算机项目，其目标是造出能够与人对话、翻译语言、解释图像，并且像人一样推理的机器。其他国家纷纷作出响应，1984年，英国开始了耗资三亿五千万英镑的阿尔维（Alvey）工程，美国一个企业协会组织了微电子与计算机技术集团（Microelectronics and Computer Technology Corporation，MCC），向人工智能和信息技术的大规模项目提供资助。DARPA也行动起来，组织了战略计算促进会（Strategic Computing Initiative），其1988年向人工智能的投资数额是1984年的三倍。

而历史总是惊人的相似，人工智能再次遭遇寒冬。

从20世纪80年代末到90年代初，人工智能再一次遭遇了一系列财政问题。变天的最早征兆是在1987年，AI硬件市场需求的突然直下，苹果和IBM公司生产的台式机性能超过了Symbolics等厂商生产的通用计算机。从此，专家系统风光不再。20世纪80年代末，美国国防高级研究计划局高层认为人工智能并不是"下一个浪潮"。

"实现人类水平的智能"这一最初的梦想曾在 20 世纪 60 年代令全世界的想象力为之着迷，但最终，还是因为包括技术成熟度在内的各种原因而遇冷。

1.1.3　人工智能时代再兴起

在人工智能的第二次寒冬下，人工智能沉寂了将近 10 年。

直到哈佛大学博士保罗·沃尔博斯（Paul Werbos）把神经网络反向传播（BP）算法的思想应用到神经网络，提出多层感知器（MLP），包括输入层、隐层和输出层，即人工神经网络（ANN）。之后，机器学习开始在全世界兴起。机器学习的方法不只是人工神经网络，还有决策树算法（ID3）、支持向量机（SVM）以及 AdaBoost 算法（集成学习）等。

1989 年，杨立昆（Yann LeCun）结合反向传播算法与权值共享的卷积神经层发明了卷积神经网络（CNN），并首次将卷积神经网络成功应用到美国邮局的手写字符识别系统中。卷积神经网络通常由输入层、卷积层、池化（Pooling）层和全连接层组成。卷积层负责提取图像中的局部特征，池化层用来大幅降低参数量级（降维），全连接层类似传统神经网络的部分，用来输出想要的结果。

人工智能再一次获得了关注，再加上互联网技术的迅速发展，加速了人工智能的创新研究，促使人工智能技术进一步走向实用化，人工智能相关的各个领域都取得长足进步。人工智能的能力在一些方面已经超越人类，比如围棋、德州扑克，又如证明数学定理，再如学习从海量数据中自动构建知识，识别语音、面孔、指纹，驾驶汽车，处理海量的文件、物流和制造业的自动化操作等。人工智能的应用也因此遍地开花，进入人类生活的各个领域。

过去 10 年中，人工智能开始写新闻、抢独家，经过海量数据训练学会了识别猫，IBM 超级电脑沃森（Watson）战胜了智力竞赛两任冠军，谷歌阿尔法狗（Alpha Go）战胜了围棋世界冠军，波士顿动力的机器人阿特拉斯（Atlas）学会了三级障碍跳。2020年，人工智能更是落地助力医疗，比如智能机器人充当医护小助手、智能测温系统精准识别发热者、无人机代替民警巡查喊话，以及人工智能辅助CT影像诊断等。

不过，在这个时期，人工智能的智能化并不具备自主性，没有很强的思考能力，更多的还是需要人工预先去完成一些视觉识别功能的编程，再让人工智能去完成对应的工作。或者说，这一时期的人工智能只是狭义上的人工智能，人工智能并不具备强泛化能力，仅仅能处理单一的任务。

直到2022年，ChatGPT的问世，进一步推动了人工智能的爆发式增长，把人类真正推进了人工智能时代。基于庞大的数据集，ChatGPT得以拥有更好的语言理解能力，这意味着它可以更像一个通用的任务助理，能够和不同行业结合，衍生出很多应用的场景。

可以说，ChatGPT为通用AI打开了一扇大门，而我们，正在步入这个前所未有的人工智能世界。ChatGPT之所以能够再次引爆人工智能技术热潮，核心就在于ChatGPT让我们看到了硅基拥有碳基智能的可能性，这也就意味着硅基能够以碳基的方式来表达世界。

1.2　我们为什么需要人工智能?

今天，人工智能已经成为科技领域的重要发展方向，随着人工智能技术不断更新迭代，人工智能对大众生活产生的影响也越来越深刻。随着基于互联网的智能化、数字化生活的不断深入，数据一方面成了人们生活、商业、治理等各方面决策的核心依据；另一方面，数据正在以几何级的增长速度进行产生与释放。数据的爆炸式增长，已经超出了人脑能够承受的范围。此时就必然需要寻找一种更加智能的机器处理方式，来帮助人类处理庞大的数据。从需求角度来看，不论是 C 端用户需求，或是 B 端企业需求，还是 G 端政府需求，市场对人工智能技术都表现出极大需求。

1.2.1　C 端需求

从 C 端用户的需求来看，人工智能解决的是与人相关的健康、娱乐、出行等生活场景中的痛点。显然，人的需求会随着社会的发展水平不断升级，人工智能的发展正契合了人们对于智能化生活的需求。

当前，人口老龄化趋势加重，智能化升级已迫在眉睫。国际上通行的标准是，当一个国家或地区 60 岁以上老年人口占人口总数的 10%，或 65 岁以上老年人口占人口总数的 7%，就意味着这个国家或地区的人口已进入老龄化社会。第七次全国人口普查结果显示，我国 60 岁及以上人口为 26402 万人，占 18.70%。未来几十年，老龄化程度还将持续加深，到 2035 年前后，我国老年人口占总人口的比例将超过四分之一，2050 年前后将超过三分之一。

目前，中国已成为全世界老年人口数量最多、老龄化速度最快的国家之一。老龄化问题日益凸显，过去的人口红利逐渐消失，劳动力优势不再明显。在这样的背景下，创新技术的重要性日益突出，成为驱动社会发展的重要力量。

人工智能的出现为技术创新提供了强大的支持。人工智能不仅能够提高生产效率，解决许多重复性的体力劳动问题，还在改善老年人的生活质量方面具有巨大的潜力。例如，通过智能化的养老服务，为老年人提供生活照料、健康监测和心理抚慰。此外，智能家居系统的普及也能够适应老年人的生活习惯，提高他们的生活质量。

在医疗领域，人工智能的运用更是为老年人的健康保障提供了有力支持。通过大数据分析和深度学习，人工智能可以对老年人的健康状况进行精准评估，实现疾病的早期预警和及时干预。这不仅有助于缓解医疗资源的压力，还能为老年人提供更加个性化的医疗服务。

此外，人工智能在娱乐、教育、出行等民生服务领域应用广泛，推动服务模式不断创新，服务产品日益优化，创新型智能服务体系逐步形成。

在娱乐方面，当前，许多娱乐平台和流媒体服务都已经使用人工智能来分析用户的喜好和行为，以推荐他们可能喜欢的电影、音乐、书籍和其他内容。人工智能也被广泛用于电子竞技游戏和虚拟现实体验中。它可以用于改善游戏中的敌人行为、增加游戏的真实感，以及为玩家提供更具挑战性的游戏体验。

在教育方面，人工智能的应用加快了开放灵活的教育体系的建设工作，能够实现因材施教，推动个性化教育发展，进一步促进教育公平和提升教育质量。

1.2.2 B 端需求

从 B 端企业需求来看，在智能化技术和数据驱动的创新引领下，传统行业和商业模式正在一步步发生变化，走向更加高效、智能和人性化的生产形式。在这样快节奏和竞争激烈的商业环境中，许多企业都在谋求生存之道，而人工智能可以显著提高效率、降低成本和优化业务流程，从而获得更高的商业价值。

比如，人工智能可以通过机器学习和深度学习算法，对工厂生产线进行优化和自动化管理。它可以监测和分析生产过程中的数据，识别潜在的问题，并提供实时的反馈和调整，从而提高生产效率和质量。

通过利用数据分析和预测模型，人工智能可以预测市场需求和供应链变化，帮助企业做出更准确的生产计划和资源分配决策。它还可以通过优化算法，提供最佳的生产调度和资源利用方案，最大限度地提高生产效率。

人工智能还可以通过视觉识别和图像处理技术，实时监测和检测生产过程中的产品质量问题。它可以自动识别和分类产品的缺陷和瑕疵，并及时采取纠正措施，减少次品率，提高产品质量。

此外，通过自然语言处理和文本分析技术，人工智能可以自动处理和归档企业的文档和数据。它可以自动识别和分类文档，提取关键信息，并进行文本分析和摘要，精准呈现需求。

对于企业来说，人工智能已然成了效率工具，而对人工智能的应用，也将成为企业发展的分水岭。甚至在工厂的生产制造管理方面，人工智能在一些方面不仅表现出了比人类管理人员更优异的定量管理能力，甚至完全可以取代人类生产管理的一些工作。

1.2.3 G 端需求

从 G 端政府对人工智能的需求来看，数字政府建设势在必行。

数字政府的第一个阶段是垂直业务系统信息化阶段。在这个阶段，数字政府关注的焦点在于使用者的方便和节约成本。整体的生态系统仍然以政府为中心，技术的焦点集中于服务导向的结构，政府在网上提供服务，而其服务模式却是被动式的。垂直业务系统信息化阶段也可以说是电子化政府阶段。从领导方面来看，主要是由政府的 IT 部门主导，由技术团队负责执行。衡量绩效的主要指标是网上服务的比例，即通过移动设施提供服务的比例、整合服务的比例以及电子化渠道的应用。

数字政府的第二个阶段将过渡至开放政府的阶段。在开放政府阶段，政府服务的模式转向积极主动。数字系统以公民为中心，顾客门户网站更加成熟。整体的生态系统呈现共同创造服务，生态系统面向能够从开放数据获益的外部社会。技术的焦点转向 API（应用程序编程接口）驱动的结构，主要专注于开发和管理 API，以支持接近大数据。领导力则来自数据的驱动。衡量绩

效的主要指标是开放数据集的数目以及建立在开放数据上的 App（应用程序）
的数量。

对于政府关注民生、提升职能部门办事效率等多方面的需求，人工智能
的快速落地和应用，将为政府效率提升和城市发展带来新一轮的动力。依托
人工智能，未来的数字政府必然走向智慧阶段。在智慧阶段，数字政府将运
用开放数据和人工智能等数字技术，实现数字创新的过程。可以预见，智慧
政府的服务模式将是前瞻性的，具有可预测性，服务以及互动可以通过各种
接触点进行，互动的步调随着政府预测需求的能力和预防突发事件的能力的
增强而大大加快。

综合而言，C 端用户重视体验和产品，且需求相对多样复杂；B 端和 G
端更注重效率提升且需求明确。但 C 端、B 端和 G 端都表现出了对人工智能
的旺盛需求，这也推动了人工智能进一步向前发展。

1.3　驱动新一轮生产力革命

从狩猎时代到农耕时代，人类经历了从打猎技术向耕种技术的跳跃式革
命。在工业文明发展史中，蒸汽机的出现代替了人类原始的人力、畜力，英
国的工业革命开启工业化之路。在此之后，电力的出现带动了电气化革命。
在这个过程中，伴随着生产力的不断跃迁，新生产工具、新劳动主体、新生
产要素的不断涌现，人类逐渐构建起认识世界、改造世界的新模式，人类文
明得以持续发展。

今天，随着 ChatGPT 在全球范围内强势"出圈"，AIGC（生成式人工智能）
已衍生出丰富的能力矩阵，具备在全行业颠覆式降本增效的应用前景。以数
据要素为基础的新一轮生产力革命已经到来。

1.3.1 每一次技术革命都是一次生产力革命

所谓生产力，是指在一定时间内，通过最有效率的方式来完成任务、生产产品或提供服务的能力。生产力衡量了在特定资源和时间限制下，一个人、一个团队、一个组织或一个国家能够产生多少产出。简单理解，生产力就是做事的效率和速度，是指我们如何能够用最少的时间和资源来完成工作或制造产品。如果我们能更快、更有效地完成任务，那么生产力就更高。而影响生产力水平的一个关键因素，就是技术水平。

人类进入工业社会后，经历了四次技术革命，每一次技术革命，也是一次生产力的革命。

第一次技术革命发生在 18 世纪 60 年代，也就是第一次工业革命，是以工作机的诞生开始的，尤其以蒸汽机作为动力机被广泛使用作为重要标志。第一次技术革命开创了以机器代替手工劳动的时代，极大地提高了生产力，巩固了资本主义各国的统治地位，其中率先完成了工业革命的英国，很快成为世界霸主。

第二次技术革命发生在 19 世纪 70 年代，即第二次工业革命。第二次工业革命以电器的广泛应用最为显著：比如 19 世纪六七十年代开始，出现了一系列的重大发明。1866 年，德国西门子制成了发电机，到 19 世纪 70 年代，实际可用的发电机问世。由此电器开始用于代替机器，成为补充和取代以蒸汽机为动力的新能源。随后，电灯、电车、电影放映机相继问世，人类进入了"电气时代"。第二次工业革命中，科学技术应用于工业生产的另一项重大成就，是内燃机的创新和使用。19 世纪七八十年代，以煤气和汽油为燃料的内燃机相继诞生，19 世纪 90 年代柴油机创制成功。内燃机的发明解决了交通工具的发动机问题。19 世纪 80 年代，德国人卡尔·弗里特立奇·本茨（Karl Friedrich Benz）等人成功地制造出由内燃机驱动的汽车，内燃汽车、远洋轮船、飞机等也得到了迅速发展。尤其是内燃机的发明推动了石油开采业的发展和石油化工工业的生产。

电气时代的技术革命极大地推动了生产力的发展要求，对人类社会的经济、政治、文化、军事、科技和生产力产生了深远的影响。生产力的飞跃发展，也使社会面貌发生翻天覆地的变化，形成西方先进、东方落后的局面，资本主义逐步确立起对世界的统治。

第三次技术革命，也就是信息革命，是指从 20 世纪四五十年代开始的新科学技术革命，与过去的两次技术革命不同，以往，人们主要是依靠提高劳动强度来提高劳动生产率，但在第三次技术革命条件下，主要是通过生产技术的不断进步、劳动者的素质和技能不断提高、劳动手段的不断改进来提高劳动生产率。第三次技术革命促进了社会经济结构和社会生活结构的重大变化，使得第一产业、第二产业在国民经济中比重下降，第三产业的比重上升。为了适应科技的发展，资本主义国家普遍加强国家对科学领域研究的支持，大大加强了对科学技术的扶持和资金投入。随着科技的不断进步，人类的衣、食、住、行、用等日常生活的各个方面也发生了重大的变革。

三次技术革命不仅带来了新的技术和创新，为社会带来了巨大的变化，还引发了生产力和生产关系的变革。但这三次技术革命的共同点在于都是以人类自身为劳动力的角色而完成的。无论是第一次工业革命对蒸汽机的使用，还是第二次工业革命对电力的使用，或者是第三次工业革命对线上互联网和信息的使用，主要操作者还是人类自身，也就是说，没有人类，无法完成这些工作，也就产生不了价值。

1.3.2 释放人工智能生产力

当前，我们已经进入了第四次技术革命，第四次技术革命最大的特征就是智能化，而智能化的核心技术，正是人工智能。和过去三次技术革命不同，以人工智能为核心的第四次技术革命，首次出现了非人类创造的价值，过去由人类所做的一切，正在移植到人工智能身上。

人工智能技术最大的特点就在于，它是作为一项通用技术出现的，它的能量可以投射在几乎所有行业领域中，从而促进产业升级，为全球经济增长和发展提供新的动能。由于 AI 不是一项单一的技术，其涵盖面极其广泛，而"智能"二字所代表的意义又几乎可以概括所有的人类活动，即使是停留在人工层面的智能技术，人工智能可以做的事情也大大超乎人们的想象。

事实上，AI 已经覆盖了我们生活的方方面面，从垃圾邮件过滤器到叫车软件；我们日常打开的新闻是人工智能做出的算法推荐；网上购物，首页上显示的是 AI 推荐的用户最有可能感兴趣、最有可能购买的商品；包括操作越来越简化的自动驾驶交通工具和日常生活中的面部识别上下班打卡制度等，有些我们深有体会，有些则悄无声息浸润在社会运转的琐碎日常中。

而这些，都还是狭义 AI 阶段，即我们生活中大部分的 AI 产品还只能执行单一的任务。并且，狭义 AI 产品依然有许多局限性以及"不智能"之处。比如，在 ChatGPT 之前，不论是阿里、百度还是京东，人工智能与用户根本无法愉快地聊天，更谈不上正常地解决问题了。

ChatGPT 的到来与爆发，将 AI 推向了一个真正的应用快车道上。ChatGPT 具有成熟乃至惊人的类人理解和创作能力：除了写代码、写剧本、词曲创作之外，ChatGPT 还可以与人类对答如流，并且充分体现出自己的辩证分析能力。ChatGPT 甚至还敢质疑不正确的前提和假设，主动承认错误以及一些无法回答的问题，主动拒绝不合理的问题。

更何况，许多重复性的语言文字工作，其实根本不需要复杂的逻辑思考或顶层决策判断能力。比如接听电话或者处理邮件，以及帮助客户订旅馆、订餐的语言文字工作，根据固定格式把数据、信息填入合同、财报、市场分析报告、事实性新闻报道内的工作，在现有文字材料里提炼大纲、梳理要点的工作，将会议的实时文字记录提炼成会议简报，撰写一些流程性、程式化文章的工作等。这些工作，都是基于 ChatGPT 或其他 AI 大模型的产品可以应用的场景。

　　基于庞大的数据集，ChatGPT 得以拥有更好的语言理解能力，这意味着它可以更像一个通用的任务助理，能够与不同行业结合，衍生出相应的应用场景。可以说，ChatGPT 是人类真正期待的人工智能的样子，其具备类人的沟通能力，并且借助于大数据的信息整合成为人类强大的助手。可以说，人工智能创造了一种新的虚拟劳动力，能够解决需要适应性和敏捷性的复杂任务，即"智能自动化"。人工智能可以对现有劳动力和实物资产进行有力的补充，同时提升员工能力，提高资本效率。人工智能的普及将推动多行业的相关创新，提高全要素生产率，开辟崭新的经济增长空间。

　　人工智能不仅是当今时代的科技标签，它所引导的科技变革更是在雕刻着这个时代。未来，随着以 ChatGPT 为代表的 AI 大模型的商业化落地，人工智能将进一步释放科技革命和产业变革积蓄的巨大能量，深刻改变人类生产生活方式和思维方式，并对经济发展、社会进步等方面产生重大而深远的影响。

Chapter
2

第二章

人工智能技术地图

2.1 机器学习：对人类学习的模仿

对于人工智能而言，最重要的就是要找到一种方法，或者说一种适合机器训练的方法来教会机器理解人类的语言与表达，以及具备类似于人类的学习能力与逻辑思考能力。因此，本质上而言，机器学习的核心包括两方面，一方面是机器的学习方法，另一方面是类人的认知能力。

可以说，从人工智能技术出现至今，人工智能领域的科学家们一直在致力于寻找到一种适合机器学习的方法。直到 ChatGPT 的出现，让我们意识到，只要构建出一种适合类人智能的机器学习方法，让机器拥有类人智能与语言逻辑能力是可能的。

2.1.1 让 AI 认识香蕉和梨

机器学习是催生了近年来人工智能发展热潮的最重要技术。作为人工智能的一个分支，机器学习也是实现人工智能的一种方法。

早在 1950 年，图灵在关于图灵测试的文章中就已经提及到机器学习的概念。

1952 年，IBM 的亚瑟·塞缪尔（Arthur Samuel，被誉为"机器学习之父"）设计了一款可以学习的西洋跳棋程序，它能够通过观察棋子的走位来构建新的模型，用来提高自己的下棋技巧。塞缪尔和这个程序进行多场对弈后发现，随着时间的推移，程序的棋艺变得越来越好。塞缪尔用这个程序推翻了以往"机器无法超越人类，不能像人一样写代码和学习"这一传统认识。并在 1956 年正式提出了"机器学习"这一概念。亚瑟·塞缪尔认为："机器学习是在不直接针对问题进行编程的情况下，赋予计算机学习能力的一个研究领域。"

有着"全球机器学习教父"之称的汤姆·米切尔（Tom Mitchell）则将机器学习定义为：对于某类任务（T）和性能度量（P），如果计算机程序在 T 上以 P 衡量的性能随着经验（E）而自我完善，就称这个计算机程序为从经验（E）学习。

如今，随着时间的变迁，机器学习的内涵和外延在不断地变化。从广义上来说，机器学习是一种能够赋予机器学习的能力以此来让它完成直接编程无法完成的功能的方法。但从实践的意义上来说，机器学习是一种通过数据训练出模型，再使用模型预测的一种方法。简单来说，机器学习就是通过算法使得机器能从大量历史数据中学习规律，从而对新的样本完成智能识别或对未来做出预测的技术。实际上，机器学习是对人类学习的模仿。众所周知，人类绝大部分智能获得也是需要通过后天的训练与学习，而不是天生的。在没有认知能力的婴幼儿时期，小孩子需要从外界环境不断得到信息，对大脑形成刺激，从而建立起认知的能力。而要给孩子建立"香蕉""梨"这样的抽象概念，就需要反复地提及这样的词汇并将实物与之对应。经过长期训练之后，孩子的大脑中才能够形成与之对应的抽象概念和知识，并将这些概念运用于双眼看到的世界。

显然，人类在成长、生活过程中积累了很多的历史与经验，并定期地对这些经验进行"归纳"，获得了生活的"规律"。当人类遇到未知的问题或者需要对未来进行"推测"的时候，人类会使用这些"规律"，对未知问题与未来进行"推测"，从而指导自己的生活和工作。

机器学习就采用了类似的思路。比如，要让人工智能程序具有识别图像的能力，首先就要收集大量的样本图像，并标明这些图像的类别，是香蕉、苹果，或者其他物体。再通过算法进行学习（训练），训练完成之后得到一个模型，这个模型是从这些样本中总结归纳得到的知识。随后，就可以用这个模型来对新的图像进行识别。

机器学习中的"训练"与"预测"过程可以对应到人类的"归纳"和"推测"过程。由此可见，机器学习的思想并不复杂，其原理仅是对人类在生活中学习成长的一个模拟。由于机器学习不是基于编程形成的结果，因此它的处理过程不是因果的逻辑，而是通过归纳思想得出的相关性结论。

2.1.2　机器学习的方法

机器学习的方法，其实就是实现机器学习的算法。机器通过处理合适的训练集来学习，这些训练集包含优化一个算法所需的各种特征。而这个算法使机器能够执行特定的任务，例如对电子邮件进行分类。

目前，机器学习主要有监督式学习、无监督式学习、强化学习三类方法，监督式学习主要用于回归和分类，无监督式学习主要用于聚类。

监督式学习是从有标签训练集中学到或建立一个模式，并根据此模式推断新的实例。训练集由输入数据（通常是向量）和预期输出标签所组成。当函数的输出是一个连续的值时称为回归分析，当预测的内容是一个离散标签时，称为分类。个性化推荐系统就是一种典型的监督式学习。想象一下，你习惯在一个网络平台观看电影，平台记录了你以前观看过的电影，以及你是否喜欢它们。这些信息就是有标签的训练数据集。现在，平台想要提供给你一些建议，它需要创建一个智能模型来预测哪些电影你可能会喜欢。在监督式学习中，平台将使用你以前观看过的电影、电影类型、导演、演员等信息作为输入数据，同时将你是否喜欢这些电影的标签作为输出。随后，它会使用这个训练数据集来训练模型，使其能够理解你的喜好，并从中推断出你可能会喜欢哪些新电影。

无监督式学习是另外一种常用的机器学习方法，与监督式学习不同的是，它没有准确的样本数据进行训练。举个例子，我们去看画展，如果我们对艺术一无所知，是很难直接区分出艺术品的流派的。但当我们浏览完所有的画作，则可以有一个大概的分类，即使不知道这些分类对应的准确绘画风格是什么，也可以把观看过的某两个作品归为一个类型。这就是无监督式学习的流程，并不需要人力来输入标签，适用于聚类，把相似的东西聚在一起，而无须考虑这一类到底是什么。

强化学习是另外一种重要的机器学习方法，强调主体如何基于环境而行动，以取得最大化的预期利益。强化学习的过程就是智能体不断地与环境交互，从状态中选择动作，然后根据奖励来调整自己的行为策略，以达到最大化累积奖励的目标，比如小狗在不同的状态下选择不同的动作，然后根据是否得到饼干来调整自己是否坐下的概率。在这种模式下，输入的样本数据也会对模型进行反馈，但不像监督式学习那样直接显示正确的分类，强化学习的反馈仅仅检查模型的对错，模型会在接收到类似于奖励或者惩罚的刺激后，逐步做出调整。相比于监督式学习，强化学习更加专注于规划，需要在探索未知领域和遵从现有知识之间找到一个合理的平衡点。

2.1.3 从机器学习到深度学习

机器学习是人工智能研究发展到一定阶段的必然产物，而深度学习则是机器学习进一步发展的必然结果。从机器学习和深度学习的关系来看，机器学习可以理解为是人工智能的一个分支，而深度学习则是机器学习中的一个子集。作为机器学习的一个分支，深度学习专注于使用人工神经网络模型来解决复杂的模式识别和数据分析任务。深度学习模型由多层神经网络组成，这些网络层之间的连接具有权重，模型通过学习这些权重来自动从数据中提取特征和模式，从而实现高级的数据分析和决策任务。

深度学习技术的发展，是伴随着机器学习的发展而不断深入的，大致可以分为五个时期。

第一个时期从 20 世纪 50 年代持续至 70 年代，由于在此期间研究人员致力于用数学证明机器学习的合理性，因此称为"推理期"。在此期间深度学习的雏形出现在控制论中，随着生物学习理论的发展与第一个模型的实现（感知机，1958 年），其能实现单个神经元的训练，这是深度学习的第一次浪潮。

第二个时期从 20 世纪 70 年代持续至 80 年代，由于在这个阶段机器学习专家认为机器学习就是让机器获取知识，因此称为"知识期"，在此期间深度学习主要表现在机器学习中基于神经网络的连接主义。

第三个时期从 20 世纪 80 年代持续至 90 年代，这个时期的机器学习专家主张让机器"主动"学习，即从样例中学习知识，代表性成果包括决策树和 BP 神经网络，因此称这个时期为"学习期"。在此期间深度学习仍然表现为基于神经网络的连接主义，而其中 BP 神经网络的提出为深度学习带来了第二次浪潮。在此期间已经存在很好的算法，但由于数据量以及计算能力的限制导致这些算法并没有展现出良好的效果。

第四个时期从 20 世纪 90 年代持续至 21 世纪初，这时的研究者们开始尝试用统计的方法分析并预测数据的分布，因此称这个时期为"统计期"，这个阶段提出了代表性的算法"支持向量机"，而此时的深度学习仍然停留在第二次浪潮中。

第五个时期从 21 世纪初持续至今，神经网络再一次被机器学习专家重视，2006 年辛顿（Hinton）及其学生拉斯·萨拉克赫迪诺弗（Ruslan Salakhutdinov）发表的论文《利用神经网络降低数据的维度》（*Reducing the Dimensionality of Data with Neural Networks*）标志着深度学习的正式复兴，该时期掀起深度学习的第三次浪潮，同时在机器学习的发展阶段中被称为"深度学习"时期。此时，深度神经网络已经优于与之竞争的基于其他机器学习的技术以及手工设计功能的 AI 系统。而在此之后，伴随着数据量的爆炸式增长与计算能力的与日俱增，深度学习得到了进一步的发展。

相较于传统的机器学习方法，深度学习在处理大规模和高维度的数据时会自动提取特征，以及在各种任务中表现出色。深度学习模型能够处理庞大的数据，从中提取有价值的信息。例如，对于图像、视频和文本数据，深度学习模型能够自动学习和理解其中的模式、特征和关联，这使得它在图像识别、语音识别、自然语言处理等任务中表现出色。

究其原因，一方面，深度学习模型通常由多个神经网络层组成，不同层面之间的连接具有权重。每一层都可以视为数据的不同抽象级别，逐渐从原始数据中提取更高级别的特征。对于大规模数据，这种分层表示允许模型逐渐构建更复杂的特征表示，从而更好地捕捉数据中的模式和关联。另一方面，深度学习模型通常有大量的可学习参数，这些参数可以适应各种数据。在大规模数据集上训练时，深度学习模型能够灵活地调整这些参数，以适应数据的多样性和复杂性。这意味着深度学习模型能够更好地拟合大规模数据，从而提高模型的性能。此外，深度学习具有自动特征提取的能力。传统的机器学习方法通常需要手工提取特征，这个过程需要专业知识和经验。而深度学习模型能够自动从原始数据中学习并提取特征，无须手动干预。这意味着它可以应对各种不同类型和复杂度的数据，从而减轻了特征工程的负担。

当前，深度学习已经在计算机视觉领域实现了卓越的图像识别和对象检测，如自动驾驶汽车、医疗影像分析和安全监控系统中的应用。在自然语言处理领域，深度学习模型能够进行文本分类、机器翻译、情感分析等任务，并取得了巨大的突破。深度学习还在强化学习领域表现出色，使计算机能够在复杂的环境中学习和制定策略，AlphaGo 在围棋中战胜人类世界冠军就是一个经典例子。

2.1.4 机器学习的广泛应用

在过去二十年中，人类收集、存储、传输、处理数据的能力取得了飞速提升，人类社会的各个角落都积累了大量数据，亟须能有效地对数据进行分析利用的计算机算法，而机器学习恰好顺应了大时代的这个迫切需求，因此该学科领域很自然地取得巨大发展、受到广泛关注。

今天，在计算机科学的诸多分支学科领域中，无论是多媒体、图形学，还是网络通信、软件工程，乃至体系结构、芯片设计，都能找到机器学习的身影，尤其是在计算机视觉、自然语言处理等"计算机应用技术"领域，机器学习已成为最重要的技术进步源泉之一。

机器学习还为许多交叉学科提供了重要的技术支撑。生物信息学试图利用信息技术来研究生命现象和规律，生物信息学研究涉及从"生命现象"到"规律发现"的整个过程，其间必然包括数据获取、数据管理、数据分析、仿真实验等环节，而"数据分析"恰使机器学习大放异彩。

可以说，机器学习是统计分析时代向大数据时代发展必不可少的核心环节，是开采大数据这一新"石油"资源的工具。比如，在环境监测、能源勘探、天气预报等基础应用领域，通过机器学习，加强传统的数据分析效率，提高预报与检查的准确性。再如销售分析、画像分析、库存管理、成本管控以及推荐系统等商业应用领域。

机器学习让即时响应、迭代更新的个性化推荐变得更为轻松，渗透至人们生活的方方面面。

谷歌、百度等互联网搜索引擎极大地改变了人们的生活方式，互联网时代下人们习惯于在出行前通过互联网搜索来了解目的地信息、寻找合适的酒店、餐馆等，其体现的，正是机器学习技术对于社会生活的赋能。显然，互联网搜索是通过分析网络上的数据来找到用户所需的信息，在这个过程中，用户查询是输入，搜索结果是输出，而要建立输入与输出之间的联系，内核必然需要机器学习技术。可以说，互联网搜索发展至今，机器学习技术的支撑作用居功至伟。

如今，搜索的对象、内容日趋复杂，机器学习技术的影响更为明显。在进行"图片搜索"时，无论谷歌还是百度都在使用最新潮的机器学习技术。谷歌、百度、脸书、雅虎等公司纷纷成立专攻机器学习技术的研究团队，甚至直接以机器学习技术命名的研究院，充分体现出机器学习技术的发展和应用，甚至在一定程度上影响了互联网产业的走向。

最后，除了机器学习成为智能数据分析技术的创新源泉外，机器学习研究还有另一个不可忽视的意义，即通过建立一些关于学习的计算模型来促进人们理解"人类如何学习"。在 20 世纪 80 年代中期，彭蒂·卡内尔瓦（Pentti Kanerva）提出 SDM（Spare Distributed Memory，稀疏分布式存储器）模型，当时，卡内尔瓦并没有刻意模仿脑生理结构，但后来神经科学的研究发现，SDM 的稀疏编码机制在视觉、听觉、嗅觉功能的脑皮层中广泛存在，从而为理解脑的某些功能提供了一定的启发。

自然科学研究的驱动力归结起来无外是人类对宇宙本源、万物本质、生命本性、自我本识的好奇，而"人类如何学习"无疑是一个有关自我本识的重大问题。从这个意义上说，机器学习不仅在信息科学中占有重要地位，还具有一定的自然科学探索色彩。

2.2 自然语言处理：让 AI 听懂人话

很显然，让机器拥有类人的学习能力只解决了机器具备学习能力这一环节的问题，或者说只解决了机器数据输入的问题。但要跟人类之间实现交互、交流，需要一种类人的语言处理技术。因此，自然语言处理技术就走入了人工智能技术领域。从技术层面来看，自然语言处理（Natural Language Processing，NLP）只是人工智能的一个分支，它使计算机能够像人类一样理解、处理和生成语言。是为了实现让人与机器之间构建一种符合人类交流方式的机器交流技术。我们当前所使用的搜索引擎、机器翻译以及语音助理等，其实都是由自然语言技术提供支持。虽然这项技术最初指的是人工智能系统的阅读能力，但现在已经成为所有计算语言学的一种通俗说法，并且在技术层面还派生出了包括自然语言生成（Natural Language Generation，NLG）——计算机自行创建通信的能力和自然语言理解（Natural Language Understanding，NLU）（理解俚语、发音错误、拼写错误和语言其他变体的能力）。

2.2.1　人工智能皇冠上的明珠

20 世纪 50 年代，"图灵测试"引出了自然语言处理的思想，而后，经过半个多世纪的跌宕起伏，历经专家规则系统、统计机器学习、深度学习等一系列基础技术体系的迭代，如今的自然语言处理技术在各个方向都有了显著的进步和提升。作为人工智能重点技术之一，自然语言处理在学术研究和应用落地等各个方面都占据了举足轻重的地位。

自然语言指汉语、英语、法语等人们日常使用的语言，是人类社会发展演变而来的语言，自然语言是人类学习生活的重要工具。自然语言在整个人类历史上以语言文字形式记载和流传的知识占到知识总量的 80% 以上。就计算机应用而言，据统计，用于数学计算的仅占 10%，用于过程控制的不到 5%，其余 85% 左右则都是用于语言文字的信息处理。

自然语言处理是将人类交流沟通所用的语言经过处理转化为机器所能理解的机器语言，是一种研究语言能力的模型和算法框架，是语言学和计算机科学的交叉学科，是实现人机间信息交流的渠道，是人工智能、计算机科学和语言学所共同关注的重要方向。

本质上来看，自然语言处理技术其实是人工智能和机器学习的一个子集，专注于让计算机处理和理解人类语言。

自然语言处理有很多具体表现形式，包括机器翻译、文本摘要、文本分类、文本校对、信息抽取、语音合成、语音识别等。而自然语言的核心就是理解和分析人类的自然语言，其中包括两个步骤，即自然语言理解和自然语言生成。自然语言理解是指计算机能够理解自然语言文本的意义，自然语言生成则是指能以自然语言文本来表达给定的意图。

自然语言的处理流程大致可分为五步：第一步，获取语料。第二步，对语料进行预处理，其中包括语料清理、分词、词性标注和去停用词等步骤。第三步，特征化，也就是向量化，主要把分词后的字和词表示成计算机可计算的类型（向量），这样有助于较好地表达不同词之间的相似关系。第四步，模型训练，包括传统的有监督、半监督和无监督学习模型等，可根据应用需求不同进行选择。第五步，对建模后的效果进行评价，常用的评测指标有准确率（Precision）、召回率（Recall）、F 值（F-Measure）等。准确率是衡量检索系统的查准率，召回率是衡量检索系统的查全率，而 F 值是综合准确率和召回率用于反映整体的指标，当 F 值较高时则说明试验方法有效。

比尔·盖茨曾说："语言理解是人工智能皇冠上的明珠。"可以说，谁掌握了更高级的自然语言处理技术、谁在自然语言处理的技术研发中取得了实质突破，谁就将在日益激烈的人工智能军备竞赛中占得先机。

2.2.2 繁荣发展的自然语言处理

作为一门包含着计算机科学、人工智能以及语言学的交叉学科，自然语言处理的发展也经历了曲折中发展的过程。

"图灵测试"被认为是自然语言处理思想的开端。20 世纪 50~70 年代自然语言处理主要采用基于规则的方法，即认为自然语言处理的过程和人类学习认知一门语言的过程是类似的，彼时，自然语言处理还停留在理性主义思潮阶段，以基于规则的方法为代表。

然而，基于规则的方法具有不可避免的缺点，一方面，规则不可能覆盖所有语句，另一方面，这种方法对开发者的要求极高，开发者不仅要精通计算机还要精通语言学，因此，这一阶段虽然解决了一些简单的问题，但是无法从根本上将自然语言理解实用化。

20世纪70年代以后，随着互联网的高速发展，丰富的语料库成为现实，以及硬件的不断更新完善，自然语言处理思潮由理性主义向经验主义过渡，基于统计的方法逐渐代替了基于规则的方法。德里克·贾里尼克（Frederick Jelinek）和其领导的IBM华生实验室是推动这一转变的关键，他们采用基于统计的方法，将当时的语音识别率从70%提升到90%。在这一阶段，自然语言处理基于数学模型和统计的方法取得了实质性的突破，从实验室走向实际应用。

从20世纪90年代开始，自然语言处理的发展进入了繁荣期。1993年7月在日本神户召开的第四届机器翻译高层会议（MT Summit Ⅳ）上，英国著名学者哈钦斯（William John Hutchins）教授在他的特约报告中指出，自1989年以来，机器翻译的发展进入了一个新纪元。这个新纪元的重要标志是在基于规则的技术中引入了语料库方法，其中包括统计方法、基于实例的方法、通过语料加工手段使语料库转化为语言知识库的方法等。这种建立在大规模真实文本处理基础上的机器翻译，是机器翻译研究史上的一场革命，它将自然语言处理推向一个崭新的阶段。

在20世纪90年代的最后5年（1994~1999年）以及21世纪初期，自然语言处理的研究发生了很大的变化，出现了空前繁荣的局面。这主要表现在三个方面。

首先，概率和数据驱动的方法几乎成了自然语言处理的标准方法。句法剖析、词类标注、参照消解和话语处理的算法全都开始引入概率，并且采用从语音识别和信息检索中借过来的评测方法。

其次，由于计算机速度和存储量的增加，使得在语音和语言处理的一些子领域，特别是在语音识别、拼写检查、语法检查这些方面进行了商业化的开发。语音和语言处理的算法开始被应用于增强交替通信（AAC）中。

最后，网络技术的发展对自然语言处理产生了巨大的推动力。万维网（WWW）的发展使得网络上的信息检索和信息抽取的需要变得更加突出，数据挖掘的技术日渐成熟。而 WWW 正是由自然语言构成的，因此，随着 WWW 的发展，自然语言处理的研究变得越发重要。可以说，自然语言处理的研究与 WWW 的发展息息相关。

近年来，在图像识别和语音识别领域的成果激励下，人们也逐渐开始引入深度学习来做自然语言处理研究，2013 年，word2vec 将深度学习与自然语言处理的结合推向了高潮，并在机器翻译、问答系统、阅读理解等领域取得了一定成功。作为多层的神经网络，深度学习从输入层开始经过逐层非线性的变化得到输出。从输入到输出做端到端的训练，把输入到输出对应的数据准备好，设计并训练一个神经网络，即可执行预想的任务。自 word2ve 后，循环神经网络（RNN）、门控循环单元（GRU）、长短期记忆（LSTM）等模型则相继引发了一轮又一轮的自然语言识别热潮。

2.2.3 大模型路线的胜利

自然语言处理领域，最出圈也最具有代表性的应用就是 ChatGPT。ChatGPT 是由 OpenAI 发布的一个自然语言处理模型。很多人形容它是一个真正的"六边形战士"——不仅能拿来聊天、搜索、做翻译，还能撰写诗词、论文和代码，甚至可以用来开发小游戏、参加美国高考等。ChatGPT 无疑是成功的，除了能够执行多项任务以及二次应用外，更重要的是，ChatGPT 的成功证明了大模型路线的有效性。

具体来看，在 OpenAI 的 GPT 模型之前，人们在处理自然语言模型时，用的是循环神经网络，然后加入注意力机制（Attention Mechanism）。所谓注意力机制，即将人的感知方式、注意力的行为应用在机器上，让机器学会去感知数据中的重要和不重要的部分。比如，当我们要让 AI 识别一张动物图片时，最该关注的地方就是图片中动物的面部特征，包括耳朵，眼睛，鼻子，嘴巴，而不用太关注背景的一些信息，注意力机制核心的目的就在于希望机器能在很多的信息中注意到对当前任务更关键的信息，而对于其他的非关键信息不需要太多的注意力侧重。换言之，注意力机制让 AI 拥有了理解的能力。

但 RNN + Attention，会让整个模型的处理速度变得非常慢，因为 RNN 是由词到词处理的。所以才有了 2017 年谷歌大脑团队在那篇名为"Attention is all you need"（自我注意力是你所需要的全部）的论文的诞生，简单来说，这篇论文的核心就是不要 RNN，而要 Attention。而这个没有 RNN 只有 Attention 的自然语言模型就是 Transformer，也就是今天 ChatGPT 能够成功的技术基础。这个只有 Attention 的 Transformer 模型是由序列到序列进行处理，可以并行计算，其计算速度的大大加快，让训练大模型，超大模型，巨大模型，超巨大模型成为可能。

于是 OpenAI 在一年之内开发出了第一代 GPT，第一代 GPT 在当时已经是前所未有的巨大语言模型，具有 1.17 亿个参数。而 GPT 的目标只有一个，就是预测下一个单词。如果说过去的 AI 是遮盖掉句子中的一个词，让 AI 根据上下文"猜出"中间那一个词，进行完形填空，那么 GPT 要做的，就是要"猜出"后面一堆的词，甚至形成一篇通顺的文章。事实证明，基于 Transformer 模型和庞大的数据集，GPT 做到了。

特别值得一提的是，在 GPT 诞生的同期，还有另一种更火的语言模型，就是 BERT。BERT 是谷歌基于 Transformer 做的语言模型，同时也是一种双向的语言模型，通过预测屏蔽子词——先将句子中的部分子词屏蔽，再令模型去预测被屏蔽的子词——进行训练，这种训练方式在语句级的语义分析中取得了极好的效果。BERT 模型还使用了一种特别的训练方式——先预训练，再微调，这种方式可以使一个模型适用于多个应用场景。这使得 BERT 模型刷新了 11 项 NLP 任务处理的纪录。在当时，BERT 直接改变了自然语言理解这个领域，引起了多数 AI 研究者的跟随。

面对 BERT 的大火，GPT 的开发者们依然选择了坚持做生成式模型，而不是去做理解。于是就有了后来大火的 GPT-3 和 ChatGPT 这个可以帮我们写论文、代码，进行多轮对话，能完成各种各样只要是以文字为输出载体的任务的神奇 AI。

从 GPT-1 到 GPT-3，OpenAI 做了两年多时间，用"大力出奇迹"的办法，证明了大模型的可行性，参数从 1.17 亿飙升至 1750 亿，似乎也证明了参数越多、越大，AI 能力越强。因此，在 GPT-3 成功后，包括谷歌在内竞相追逐做大模型，参数高达惊人的万亿甚至 10 万亿规模，掀起了一场参数竞赛。

但这个时候，反而是 GPT 系列的开发者们冷静了下来，没有再推高参数，而是又用了近两年时间，花费重金，用人工标注大量数据，将人类反馈和强化学习引入大模型，让 GPT 系列能够按照人类价值观优化数据和参数。

可以说，作为一种通用 AI，ChatGPT 的成功更是一种工程技术上的成功，ChatGPT 证明了大模型路线的胜利，让 AI 终于完成了从 0 到 1 的突破，从而走向真正的通用 AI 时代。随着它的持续进化，ChatGPT 以及 NLP 技术可能产生的潜力还会超越不少人的想象。

2016 年 9 月，AlphaGo 打败欧洲围棋冠军之后，包括李开复在内的多位行业学者专家都认为 AlphaGo 要进一步打败世界冠军李世石的希望不大。但仅仅 6 个月后，AlphaGo 就轻易打败了李世石，并且在输了一场之后再无败绩，这种进化速度让人瞠目结舌。而现在，NLP 技术正在复刻 AlphaGo 的进化速度，向未来狂奔而去。

2.3 计算机视觉：AI 的双眼

让机器拥有了类人的学习能力，同时拥有了类人的语言交流能力，这还只是机器智能的一部分。因为在人类社会中，大量的信息并不是以文字与语言方式存在，而是以图像方式存在。那么，让机器具备类人的视觉识别能力，显然是人工智能不可或缺的一项能力。

其实，所谓的计算机视觉，就是一门研究如何使机器"看"的科学。简单地说，就是用摄影机和电脑代替人眼对目标进行识别、跟踪和测量等机器视觉，并进一步做图形的识别、生成等方面的处理，使电脑处理成为更适合人眼观察或传送给仪器检测的图像。因此，让机器拥有类人的图像，或者说视觉识别能力就成为机器智能的一项核心技术。

2.3.1 让 AI 睁眼看世界

作为智能世界的双眼，计算机视觉是人工智能技术里的一大分支。计算机视觉通过模拟人类视觉系统，赋予计算机"看"和"认知"的能力，是计算机认识世界的基础。确切地说，计算机视觉技术就是利用了摄像机以及电脑替代人眼，使得计算机拥有人类的双眼所具有的分割、分类、识别、跟踪、判别和决策等功能，创建了能够在 2D 的平面图像或者 3D 的三维立体图像的数据中，以获取所需要的"信息"的一个完整的人工智能系统。

计算机视觉利用成像系统代替视觉器官作为输入手段，利用视觉控制系统代替大脑皮层和大脑的剩余部分完成对视觉图像的处理和解释，让计算机自动完成对外部世界的视觉信息的探测，做出相应判断并采取行动，实现更复杂的指挥决策和自主行动。作为人工智能最前沿的领域之一，视觉类技术是人工智能企业的布局重点，具有最广泛的技术分布。

计算机视觉技术是一门包括了计算机科学与工程、神经生理学、物理学、信号处理、认知科学、应用数学与统计等多门科学学科的综合性科学技术。由于计算机视觉技术系统在基于高性能计算机的基础上，其能够快速获取大量的数据信息，并且基于智能算法能够快速的进行信息处理，也易于设计信息和加工控制信息集成。其本身也包括了诸多不同的研究方向，比如，物体识别和检测（Object Detection），语义分割（Semantic Segmentation），运动和跟踪（Motion& Tracking），视觉问答（Visual Question& Answering）等。

与计算机视觉概念相关的另一专业术语是机器视觉。机器视觉是计算机视觉在工业场景中的应用，目的是替代传统的人工，提高生产效率，降低生产成本。机器视觉与计算机视觉侧重有所不同。计算机视觉主要是对质的分析，如物品分类识别。而机器视觉主要侧重于对量的分析，如测量或定位。此外，计算机视觉的应用场景相对复杂，识别物体类型多，形状不规则，规律性不强。机器视觉则刚好相反，场景相对简单固定，识别类型少，规则且有规律，但对准确度、处理速度要求较高。

2.3.2 计算机视觉 40 年

在计算机视觉 40 多年的发展中，科学家提出了大量的理论和方法。总体来看，可分为三个主要历程。即马尔计算视觉、多视几何与分层三维重建和基于学习的视觉。

1982 年，马尔（David Marr）在其《视觉》（Vision）一书中提出的视觉计算理论和方法，标志着计算机视觉成为一门独立的学科。

马尔计算视觉理论包含两个主要观点：首先，马尔认为人类视觉的主要功能是复原三维场景的可见几何表面，即三维重建问题；其次，马尔认为这种从二维图像到三维几何结构的复原过程是可以通过计算完成的，并提出了一套完整的计算理论和方法。因此，马尔视觉计算理论在一些文献中也被称为三维重建理论。

马尔计算视觉认为，从二维图像复原物体的三维结构，涉及三个不同的层次。首先是计算理论层次，也就是说，需要使用何种类型的约束来完成这一过程。马尔认为合理的约束是场景固有的性质在成像过程中对图像形成的约束。其次是表达和算法层次，也就是说如何来具体计算。最后是实现层次，马尔对表达和算法层次进行了详细讨论。

马尔认为，从二维图像到恢复三维物体经历了三个主要步骤，即图像初始略图（sketch）物体到 2.5 维描述，再到物体 3 维描述。其中，初始略图是指高斯拉普拉斯滤波图像中的过零点（zero-crossing）、短线段、端点等基元特征。物体 2.5 维描述是指在观测者坐标系下对物体形状的一些粗略描述，如物体的法向量等。物体 3 维描述是指在物体自身坐标系下对物体的描述，如球体以球心为坐标原点的表述。

马尔计算视觉理论在计算机视觉领域的影响是深远的，他所提出的层次化三维重建框架，至今是计算机视觉研究中的主流方法。

20 世纪 80 年代开始，计算机视觉掀起了全球性的研究热潮，方法理论迭代更新，主要得益于两方面的因素：一方面，瞄准的应用领域从精度和鲁棒性要求太高的"工业应用"转到要求不太高，特别是仅仅需要"视觉效果"的应用领域，如远程视频会议（teleconference）、考古、虚拟现实、视频监控等。另一方面，人们发现，多视几何理论下的分层三维重建能有效提高三维重建的鲁棒性和精度。在这一阶段，文字识别（Optical Character Recognition，OCR）和智能摄像头等问世，并进一步引发了计算机视觉相关技术更为广泛的传播与应用。

20世纪80年代中期，计算机视觉已经获得了迅速发展，主动视觉理论框架、基于感知特征群的物体识别理论框架等新概念、新方法、新理论不断涌现。

20世纪90年代，计算机视觉开始在工业环境中得到广泛的应用，同时基于多视几何的视觉理论也得到迅速发展。20世纪90年代初，视觉公司成立，并开发出第一代图像处理产品。而后，计算机视觉相关技术就被不断地投入到生产制造过程中，使得计算机视觉领域迅速扩张，上百家企业开始大量销售计算机视觉系统，完整的计算机视觉产业逐渐形成。在这一阶段，传感器及控制结构等的迅速发展，进一步加速了计算机视觉行业的进步，并使得行业的生产成本逐步降低。

进入21世纪，计算机视觉与计算机图形学的相互影响日益加深，基于图像的绘制成为研究热点。高效求解复杂全局优化问题的算法得到发展。更高速的3D视觉扫描系统和热影像系统等逐步问世，计算机视觉的软硬件产品蔓延至生产制造的各个阶段，应用领域也不断扩大。

2.3.3 复制人类的视觉

计算机视觉的发展离不开市场需求的推动。今天，我们已然进入视频"爆炸"的时代，海量数据亟待处理。人类的大脑皮层大约有70%的部分都是在处理我们所看到的内容，即视觉信息。在计算机视觉之前，图像对于机器是处于黑盒状态，就如同人没有视觉这一获取信息的主要渠道。计算机视觉的出现让计算机能够看懂图像，并能进一步分析图像。尤其是在5G时代，视频以各种形式几乎参与了所有应用，从而产生的海量视频数据以指数级的速度在增长。想要对这一新型数据类型进行更精准的处理，推动计算机视觉的发展是必经之路。

与此同时，随着算力的提升和算法的更新迭代，结合行业大数据，计算机视觉的适用场景也更加广泛。

在自动驾驶方面,计算机视觉被用于检测和分类物体,例如路标或交通信号灯、创建 3D 地图或运动轨迹,并在使自动驾驶汽车成为现实方面发挥了关键作用。计算机视觉可以帮助自动驾驶汽车识别道路和车道。通过分析摄像头捕捉到的图像,车辆可以确定道路的位置、形状和边界,从而保持在正确的车道内行驶。这对于实现高速公路巡航和自动驾驶在城市环境中的切换非常重要。在障碍物检测方面,计算机视觉技术可以用于实时监测周围环境,并及时做出反应,避免碰撞和保持安全距离。

农业部门也见证了人工智能模型(包括计算机视觉)在作物和产量监测、自动收割、天气条件分析、牲畜健康监测或植物病害检测等领域的多项贡献。在作物和产量监测方面,传统上,作物生长监测依赖于人的主观判断,既不及时也不准确。计算机视觉允许持续实时监测作物生长并检测由于营养不良或疾病引起的作物变化。计算机视觉的技术进步也改进了产量估计过程。此外,传统的除草方法包括喷洒杀虫剂,通常会污染邻近的健康植物、水或动物。计算机视觉有助于使用机器人(例如 Ecorobotix 或 Oz)智能检测和清除杂草,从而降低成本并确保更高的产量。

在智能零售业方面,安装在零售店中的摄像头不仅能够提供安全监控功能,还能为零售商提供大量的视觉数据。这些数据可以被用来改进零售店的布局和设计,从而提升顾客和员工的体验。随着计算机视觉系统的不断发展,处理这些数据变得更加便捷和高效,推动了数字化转型在现实行业的快速实施。通过利用这些计算机视觉应用,零售商可以更好洞察顾客的需求行为,提升用户体验,优化运营,并在数字化转型中拥有更大的竞争优势。基于计算机视觉的系统可以实时监测客户的互动和产品的移动,从而为零售商提供了自动结账的可能性。自动结账系统不仅为顾客提供了更加便捷的购物体验,也为零售商提供了减少人力需求和提高效率的机会。通过利用计算机视觉的技术，零售行业能够实现更高效、更智能的结账流程，为数字化零售转型注入新的活力。计算机视觉系统还能通过对货架上物品的持续跟踪和图像数据捕捉，实现全面的库存扫描。该系统能够实时监测货架上商品的数量、位置和状态，并提供及时通知，帮助零售商及时掌握库存情况，进行合理的补货和库存管理。当发现某个商品的库存不足时，系统自动发送通知给理货员，以便及时补货。

在智慧医疗方面，医学影像数据作为医学诊断和治疗中的重要组成部分，是医生获取信息的主要来源之一。然而，由于医学影像数据的复杂性和多样性，过去，医生需要花费大量时间和精力来手动分析和管理这些数据。但今天，在医学 X 射线成像的背景下，计算机视觉已经可以成功地应用于治疗和研究、磁共振成像（Magnetic Resonance Imaging，MRI）重建或手术计划。尽管大多数医生仍然依靠手动分析 X 射线图像来诊断和治疗疾病，但计算机视觉可以使该过程自动化，从而提高效率和准确性。计算机视觉也广泛应用于CT 扫描和 MRI 的分析。从设计人工智能系统到分析放射图像的准确度与人类医生相同（同时减少疾病检测时间），再到提高 MRI 图像分辨率的深度学习算法——计算机视觉是改善患者预后的关键。使用计算机视觉分析 CT 和 MRI扫描可以帮助医生检测肿瘤、内出血、血管堵塞和其他危及生命的疾病。该过程的自动化也被证明可以提高准确性，因为机器现在可以识别人眼观察不到的细节，极大地降低误诊率，减少医疗事故的发生。

2.4 专家系统：像人类专家一样

当人工智能具备了类人的学习、语言、视觉识别等方面的能力之后，如果要让人工智能在庞大、海量的数据世界中快速地为人类提供帮助，这个时候就需要训练机器拥有专家级的能力。

由此催生了专家系统。专家系统其实是一个智能计算机程序系统，在系统，或者说程序内部含有大量的某个领域专家水平的知识与经验，能够借助于人工智能技术和计算机技术，根据系统中的知识与经验进行推理和判断，模拟人类专家的决策过程，以便解决那些需要人类专家处理的复杂问题。简单来说，所谓专家系统，就是一种模仿人类专家解决专业领域问题的计算机系统。

专家系统是人工智能中最重要的也是最活跃的一个应用领域，可以说，在一些专业领域要实现人工智能取代人类工作的过程中，最关键的技术之一就是专家系统，比如在人工智能医生的打造过程中。因此，专家系统可以看作是一类具有专门知识和经验的计算机智能程序系统，一般采用人工智能中的知识表示和知识推理技术来模仿通常由领域专家才能解决的复杂问题的能力。

2.4.1 专家系统和知识工程

自从 1965 年世界上第一个专家系统 DENDRAL（判断某特定物质的分子结构）问世以来，专家系统的技术和应用，在短短 30 年间获得了长足的进步和发展。尤其是在 20 世纪 80 年代中期以后，随着知识工程技术的日渐丰富和成熟，各种各样的实用专家系统推动着人工智能日益精进。

专家是指在学术、技艺等方面有专门技能或专业知识的人以及特别精通某一学科或某项技艺的有较高造诣的专业人士。通常来说，专家拥有丰富的专业知识和实践经验，同时应该具有独特的思维方式，即独特的分析问题和解决问题的方法和策略。

专家系统（Expert System），就是从"专家"而来，专家系统也称专家咨询系统，是一种智能计算机（软件）系统。顾名思义，专家系统就是能像人类专家一样解决困难、复杂的实际问题的计算机（软件）系统。

专家系统是一类特殊的知识系统。作为基于知识的系统，建造专家系统就需要知识获取（Knowledge Acquisition），即从人类专家或实际问题中搜集、整理、归纳专家级知识；知识表示（Knowledge Representation），即以某种结构形式表达所获取的知识，并将其存储于计算机之中；知识的组织与管理，即知识库（Knowledge Base）；建立并维护与知识的利用，即使用知识进行推理等一系列关于知识处理的技术和方法。

于是，关于知识处理的技术和方法得以形成一个名为"知识工程"（Knowledge Engineering）的学科领域。专家系统促使了知识工程的诞生和发展，知识工程又反过来为专家系统服务。"专家系统"与"知识工程"密不可分。

2.4.2 搭建一个专家系统

从概念来讲，不同的专家系统存在相同的结构模式，都需要知识库、推理机、动态数据库、人机界面、解释模块和知识库管理系统（图 2-1）。其中，知识库和推理机是两个最基本的模块。

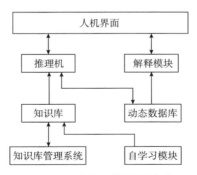

图 2-1 专家系统结构模式

所谓知识库，就是以某种表示形式存储于计算机中的知识的集合。知识库通常是以一个个文件的形式存放于外部介质上，专家系统运行时将其调入内存。知识库中的知识一般包括专家知识、领域知识和元知识。元知识是关于调度和管理知识的知识。知识库中的知识通常是按照其表示形式、性质、层次、内容来进行组织，构成了知识库的结构。

人工智能中的知识表示形式包括产生式、框架、语义网络等，而在专家系统中运用得较为普遍的知识是产生式规则。产生式规则以"IF…THEN…"的形式出现，就像初学者通用符号指令代码（Beginners' All-purpose Symbolic Instruction Code，BASIC）等编程语言里的条件语句一样，IF 后面是条件（前件），THEN 后面是结论（后件），条件与结论均可以通过逻辑运算 AND、OR、NOT 进行复合。在这里，产生式规则的理解非常简单：如果前提条件得到满足，就产生相应的动作或结论。

推理机是实现（机器）推理的程序。推理机针对当前问题的条件或已知信息，反复匹配知识库中的规则，获得新的结论，以得到问题求解结果。推理方式又可以分为正向和反向两种推理。

正向链的策略是寻找出前提可以同数据库中的事实或断言相匹配的规则，并运用冲突的消除策略，从这些都可满足的规则中挑选出一个执行，从而改变原来数据库的内容。这样进行反复的寻找，直到数据库的事实与目标一致即找到解答，或者到没有规则可以与之匹配时才停止。

逆向链的策略是从选定的目标出发，寻找执行结果可以达到目标的规则。如果这条规则的前提与数据库中的事实相匹配，问题就得到解决。否则把这条规则的前提作为新的子目标，并对新的子目标寻找可以运用的规则，执行逆向序列的前提，直到最后运用的规则的前提可以与数据库中的事实相匹配，或者直到没有规则再可以应用时，系统便以对话形式请求用户回答并输入必需的事实。

推理机使用知识库中的知识进行推理而解决问题，可以说，推理机就是专家的思维机制，即专家分析问题、解决问题的方法的一种算法表示和机器实现。

知识库和推理机构成了一个专家系统的基本框架，相辅相成，密切相关。

当然，由于不同的知识表示有不同的推理方式，所以，推理机的推理方式和工作效率不仅与推理机本身的算法有关，还与知识库中的知识以及知识库的组织有关。

动态数据库也称全局数据库、综合数据库、工作存储器、黑板等，动态数据库是存放初始证据事实、推理结果和控制信息的场所，或者说它是上述各种数据构成的集合。动态数据库只在系统运行期间产生、变化和撤销，所以才有"动态"一说。动态数据库虽然也叫数据库，但它并不是通常所说的数据库，两者有本质差异。

人机界面指的是最终用户与专家系统的交互界面。一方面，用户通过这个界面向系统提出或回答问题，或向系统提供原始数据和事实等；另一方面，系统通过这个界面向用户提出或回答问题，并输出结果以及对系统的行为和最终结果作出适当解释。

解释模块程序专门负责向用户解释专家系统的行为和结果。推理过程中，它可以向用户解释系统的行为，回答用户"why"之类的问题，推理结束后它可以向用户解释推理的结果是怎样得来的，回答"how"之类的问题。

知识库管理系统则是知识库的支撑软件。知识库管理系统对知识库的作用，类似子数据库管理系统对数据库的作用，其功能包括知识库的建立、删除、重组，知识的获取（主要指录入和编辑）、维护、查询、更新，以及对知识的检查，包括一致性、冗余性和完整性检查等。

知识库管理系统主要在专家系统的开发阶段使用，但在专家系统的运行阶段也要经常用来对知识库进行增、删、改、查等各种管理工作。所以，它的生命周期实际是和相应的专家系统一样的。知识库管理系统的用户一般是系统的开发者，包括领域专家和计算机人员（一般称为知识工程师），而成品专家系统的用户一般是领域专业人员。

2.4.3 专家系统的发展和应用

DENDRAL 是世界第一个专家系统，由美国斯坦福大学的爱德华·费根鲍姆（Edward Feigenbaum）教授于 1965 年开发。DENDRAL 是一个化学专家系统，能根据化合物的分子式和质谱数据推断化合物的分子结构。DENDRAL 的成功，极大地鼓舞了人工智能界的科学家们，使一度徘徊的人工智能出现了新的生机，它标志着人工智能研究开始向实际应用阶段过渡，也标志着人工智能的一个新的研究领域——专家系统的诞生。专家系统的诞生，使人工智能的研究从以推理为中心转向以知识为中心，为人工智能的研究开辟了新的方向和道路。

20 世纪 70 年代，专家系统趋于成熟，其观点也开始广泛地被人们接受。20 世纪 70 年代中期先后出现了一批卓有成效的专家系统，在医疗领域尤为突出，MYCIN 就是其中最具代表性的专家系统。

MYCIN 系统是由爱德华·肖特利夫（Edward H. Shortliffe）等人从 1972 年开始研制的用于诊断和治疗感染性疾病的医疗专家系统，于 1974 年基本完成，之后又经过不断地改进和扩充，成为第一个功能较为全面的专家系统。MYCIN 不仅能对传染性疾病作出专家水平的诊断和治疗选择，而且便于使用、理解、修改和扩充。它可以使用自然语言同用户对话，并回答用户提出的问题，还可以在专家的指导下学习新的医疗知识。MYCIN 第一次使用了知识库的概念，以及似然推理技术。可以说，MYCIN 是一个对专家系统的理论和实践都有较大贡献的专家系统，后来的许多专家系统都是在 MYCIN 的基础上研制的。

1977 年第五届国际人工智能联合会（International Joint Conference on Artificial Intelligence，IJCAI）上，ES 的创始人爱德华·费根鲍姆教授在一篇题为《人工智能的艺术：知识工程课题及实例研究》的文章中系统地阐述了专家系统的思想，并提出了知识工程（Knowledge Engineering）的概念。

　　至此，专家系统基本成熟。围绕着开发专家系统而开展的一整套理论、方法、技术等各方面的研究形成了一门新兴学科——知识工程。

　　进入 20 世纪 80 年代，随着专家系统技术的逐渐成熟，其应用领域迅速扩大。在 20 世纪 70 年代中期之前，专家系统多属于数据解释型（DENDRAL、PROSPECTOR、HEARSAY 等）和故障诊断型（MYCIN、CASNET、INTERNIST 等）。它们所处理的问题基本上是可分解的问题。

　　20 世纪 70 年代后期，专家系统开始出现其他类型，包括超大规模集成电路设计系统 KBVLSI、自动程序设计系统 PSI 等设计型专家系统，遗传学实验设计系统 MOLGEN、安排机器人行动步骤的 NOAH 等规划型专家系统，感染病诊断治疗教学系统 GUIDON、蒸气动力设备操作教学系统 STEAMER 等教育型专家系统，军事冲突预测系统 IW 和暴雨预报系统 STEAMER 等预测型专家系统。这一时期专家系统在理论和方法上也进行了较深入的探讨。适于专家系统开发的程序语言和高级工具也相继问世，尤其是专家系统工具的出现大大加快了专家系统的开发速度，进一步普及了专家系统的应用。

　　20 世纪 80 年代，在国外，专家系统在生产制造领域中的应用已非常广泛，例如在计算机辅助设计（Computer Aided Design，CAD）、计算机辅助制造（Computer Aided Manufacturing，CAM）和工程设计、机器故障诊断及维护、生产过程控制、调度和生产管理、能源管理、质量保险、石油和资源勘探、电力和核能设施、焊接工艺过程等领域都可以看到非常多的专家系统的具体应用。这些应用在提高产品质量和产生巨大经济效益方面带来了巨大成效，从而极大地推动了生产力的发展。

　　今天，经过几十年的开发，各种专家系统已遍布各个专业领域，涉及工业、农业、军事、计算机以及国民经济的各个部门乃至社会生活的许多方面，并产生了巨大的经济效益和社会效益。比如能进行数据的分析与解释，可用于语音理解、卫星云图、地质勘探数据分析等的解释专家系统；能通过对过去和现在的已知状况进行分析，推断未来可能发生的情况，可用于气象预报、人口预测等的预测专家系统；能根据观察到的数据来推测出某个对象出现故障的原因，可用于医疗诊断、电子机械和软件故障诊断等的诊断专家系统；能够确定实现给定目标所需的一系列操作或步骤，可用于机器人规划、交通运输调度以及农作物管理等的规划专家系统；能根据学生的特点对学生进行教学和辅导的教学专家系统等。在实际应用的过程中，我们还能够依据其实际功能，进行多种类型的组合应用。

2.5　机器人：替代人类劳动力

让人工智能拥有了类人的智能以及专家级决策能力水平的时候，也就意味着机器拥有了超级大脑。但这仅仅是解决了超级大脑的问题，并不能取代人类社会的大量重复、危险性的工作。因此，机器人就被再次重视。简单来说，就是打造一种类人，或者是其他形态的物理躯体，以人工智能这种超级大脑来实施、执行、完成大量的具体工作。比如，当基于GPT的智能医生具备了诊断的能力，但没有物理躯体的时候，机器就无法实现对于外科手术的操作。而要想让人工智能真正的取代人类社会的一些工作，尤其是一些重复性劳动力工作，机器人就是必然的选择。

2.5.1　重新定义机器人

机器人的概念看起来简单，其实是非常矛盾和多元的，我们会发现，问不同的人能得到不同的答案，一些人认为机器人就是类人的机器，一些人则认为机器人是具备智能的自动化工具，甚至世界各地的组织机构和出版物，给机器人的定义也是五花八门。比如基于AI技术的GPT是不是机器人？还是说必须是具有物理实体机器形式的智能设备才叫机器人？又或者说只有人形一样的躯体与 AI 智能大脑的才能被叫作机器人呢？其实都对。为什么都对呢？因为我们人类社会至今对于机器人的定义还是模糊不清的。

如果一定要找一个相对认可的定义，那就是联合国标准化组织采纳了美国机器人协会给机器人下的定义，认为机器人是一种可编程和多功能的，用来搬运材料、零件、工具的操作机，或是为了执行不同的任务，而具有可改变和可编程动作的专门系统。

那么美国机器人协会给机器人下的这个定义准确吗？正确吗？其实也不准确，只能说是基于之前 AI 和人形机器人技术都还没有获得突破之前，我们站在之前技术的视角来看待机器人图景所描述的一种定义。

从"机器人"这个词的起源来看，一般认为，"机器人"一词来自出生于波西米亚的剧作家卡雷尔·卡佩克（Karel Capek）在 1921 年的剧作《罗萨姆的万能机器人》（*Rossum's Universal Robots*）。在这部作品中，一位哲学家研制出一种人造劳工，这些人造劳工外貌与人类相差无几，被资本家大批制造来充当劳动力。因此，大部分人认为，卡佩克就是"机器人"一词的创造者。虽然在卡佩克之前，就有人设想和制造过类似于机器人的概念和物件，比如中国古代多个朝代都有人制作类机器人的物件、达·芬奇设计的一款能动的骑士，但后来，这些都被逐步纳入卡佩克使用的"机器人"这个概念之下。

在当前机器人技术的实现上，我们可以看到，机器人在概念上具备的一个重要特征，就是为人类服务，主要是从替代人类劳动力工作的设想角度出发的。

到目前为止，这种设想依然是我们对于机器人的设想，是人类设想中机器人的本质特征。不过要注意的是，这种设想只是我们人类对机器人的设想，并不代表着拥有类人的灵活物理躯体，以及拥有强大的 AI 大脑之后的机器人它们自己的设想。

现在，随着技术的发展和应用的丰富，包括软件的 AI 层面，以及硬件的物体躯体层面的不断成熟，机器人的概念也在不断被完善。除了为人类服务之外，当前的机器人和其他自动化机器的另外一项重要区别，就是机器人具有一定的智慧性和自主性。

如果用一句话来定义，在当前的技术趋势下，到底什么才是机器人？就是拥有自我意识，具备人类智能逻辑能力，以及拥有类人灵活性的人形机器躯体，或者其他形态躯体的智慧机器。

2.5.2　机器人进入智能时代

从机器人发展角度来看，机器人的发展可以被分为三个阶段。

第一个阶段，是机器人的电气时代。1950 年，约瑟夫·恩格尔伯格（Joseph Engelberger）读到了艾萨克·阿西莫夫（Issac Asimov）的小说集《我，机器人》（I，Robot），爱不释手，随即产生了制造机器人的念头。凑巧的是，1956 年，在一场酒会上，格尔伯格偶遇了发明家乔治·德沃尔（George Devol）。两人的想法一拍即合，当即决定合作创立一家生产机器人的公司。两年后，两人创造出了人类历史上第一个真正的机器人。这是一个可以自动完成搬运的机械手臂。虽然这个机械臂庞大而笨重，并且只能完成很简单的任务，但它却开创了机器人制造的先河，使得机器人进入电气时代。

为什么说是电气时代？因为在这个阶段，机器人更多是以机械臂为主的一种形态。这些机器人主要用在工厂里替代部分工人完成一些复杂的工作。这个时期的机器人基本上不具备什么智能化，我们可以简单地理解为自动化生产的一些操作，相对比较简单，就像电梯一样，执行简单重复的机器任务。人类通过简单的程序设置，让机器干什么，它就干什么，只会点到点的完成对应的操作。

第二个阶段，是机器人的数字时代。这个阶段基本上是在 2000 年之后，这个阶段的机器人，主要得益于传感器与芯片产业技术的突破，让传感器与芯片越来越微型化、精准化。这就使融入了各种传感器之后的机器人，已经能够感知环境，并具有一定的智能了。但这个阶段的机器人所具有的智能依然是非常有限的，主要是模仿人类的思维活动并在一定程度上能够替代雇佣工人的脑力劳动。

较之于电气时代的机器人来说，数字时代的机器人只不过是在过去的基础上增加了一个具有学习、感知、识别、判断与决策等功能的智能控制系统，数字时代的机器人贯彻的仍然是"程序化地分解工序—标准化的工作流程—机械化的生产方式"的工作原理。

简单来说，这个时期的机器人虽然具备了一定的智能化，但总体来讲，这种智能化并不具备自主性，没有很强的思考能力，更多的还是需要人工预先去完成一些视觉识别功能的编程，再让机器人去完成对应的工作，核心还在于缺乏一个智能大脑。

举个例子，这几年一直备受关注的自动驾驶，就可以被视为具有一定智能和感知能力的机器人。它们搭载了各种传感器，如摄像头、激光雷达、超声波传感器等，用于感知车辆周围的环境和其他道路用户。这些传感器收集到的数据被传输到一个中央智能控制系统中。在这个控制系统中，算法和程序分析感知数据，做出关于车辆行驶的决策。例如，当自动驾驶汽车感知到前方有障碍物时，智能控制系统会通过分析数据来判断是刹车还是绕过障碍物。这个控制系统还能够学习和适应，根据不同的驾驶环境和交通状况作出合理的决策。但是，尽管具有一定的智能，目前的自动驾驶汽车能力仍然有限，更多的是基于预先编程的算法和规则。这与早期机器人相比有了显著的进步，但仍然不足以完全模仿人类的复杂智能和判断能力。

到了第三阶段才是真正的智能机器人时代，也是目前机器人正在经历的阶段。我们可以看到，2016 年之后，大量的智能化算法出现，这些智能化算法一个很好的落地场景就是机器人。因为机器人是非常普及或者未来会更加普及，并且能够适应非常多样的设备载体，所以大量的智能化算法都会与机器人相结合。

智能算法让机器人变得更加智能和灵活，使机器人可以通过传感器感知环境，利用智能算法分析感知数据，做出更加智能化的决策和行动。智能机器人不仅可以执行预先编程的任务，还能够从经验中学习，不断优化自己的表现。这种自主学习和适应能力使得机器人能够在复杂、不确定的环境中更好地发挥作用。

2.5.3　机器人的大脑

机器人的发展受到两方面技术的制约，一方面是机器人的物理躯体层面，另一方面是机器人的大脑。而现在，以 GPT 为代表的 AI 大模型技术已然实现了机器人智能大脑技术的突破，这也进一步加速推动智能机器人的实现。那么，为什么说以 GPT 为代表的 AI 大模型的爆发，对于智能机器人来说是一次重大突破，大模型的突破对于机器人的发展有怎样的影响？

究其原因，虽然在更早以前，智能算法就赋予了机器人一定的"智能"，但根本上来说，智能算法在类人语言逻辑层面并没有真正的突破，这就使基于智能算法的机器人和智能依旧没有什么关系，依然停留在大数据统计分析层面，超出标准化的问题，机器人就不再智能，而变成了"智障"。可以说，在以 GPT 为代表的 AI 大模型出现以前，市场上的机器人在很大程度上还只能做一些数据的统计与分析，包括一些具有规则性的读听写工作，所擅长的工作就是将事物按不同的类别进行分类，与理解真实世界的能力之间，还不具备逻辑性、思考性。

因为人体的神经控制系统是一个非常奇妙系统，是人类几万年训练下来所形成的，而此前的机器人不论是在单纯的 AI 思考性方面，还是在与机器人硬件的协调控制方面，都还只是处于起步阶段。也就是说，在 ChatGPT、GPT-4 这种生成式语言大模型出现之前，我们所有的人工智能技术，从本质上来说还不是智能，只是基于深度学习与视觉识别的一些大数据检索而已。

但 GPT 技术却为机器人应用和发展打开了新的想象空间。GPT 为机器人带来最核心的进化就是对话理解能力，同时具备与拥有了类人的语言逻辑能力。

那么为什么说具备类人的语言逻辑能力，拥有对话理解能力是 GPT 为机器人带来的最核心、最重要的进化？因为语言理解不仅能让机器人帮助我们安排日常的生活和工作，而且还能帮助人类直面科研的挑战，比如对大量的科学文献进行提炼和总结。

无论是谁，仅凭自己的力量，都不可能紧跟科学界的发展速度。比如，在医学领域，每天都有数千篇论文发表。哪怕是在自己的专业领域内，目前也没有哪位医生或研究人员能将这些论文都读一个遍。但是如果不阅读这些论文，不了解最新的研究成果，医生就无法将最新理论应用于实践，就会导致临床所使用的治疗方法陈旧。在临床中，一些新的治疗手段无法得到应用，正是因为医生没时间去阅读相关内容，根本不知道有新手段的存在。如果有一个能对大量医学文献进行自动提炼和总结的机器人，就会掀起一场真正的革命。

而 GPT 之所以被认为具有颠覆性，其中最核心的原因就在于其具备了理解人类语言的能力，这在过去我们是无法想象的，我们几乎想象不到有一天基于硅基的智能能够真正被训练成功，能够理解我们人类的语言。

2.5.4 机器人加速落地

目前基于 GPT 的智能大脑技术获得了突破，并且到了可以落地应用的阶段，能赋予机器人真正的智能大脑，这将会加速机器人应用时代的到来。

我们有望实现人类梦想中，不仅具有人类语言、逻辑、沟通能力，还拥有理解人类情感，感知人类情感的智能人形机器人——这将对社会生产和生活的各个方面都产生深远影响。

比如，2023 年 4 月，ChatGPT 的母公司 OpenAI 就领投挪威人形机器人公司 1X Technologies（以前称为 Halodi Robotics），这是 OpenAI 在今年第一次领投机器人相关项目。1X 果然也不负 OpenAI 的期望，在最近举办的一场人形机器人比赛中，1X 出品的 EVE，击败了特斯拉的 Optimus 机器人。而其中，EVE 机器人的部分软件功能就是由 ChatGPT 提供支持，也就是说将 ChatGPT 实体化已经应用在现实场景中了，并且展现出不弱的实力。这就意味着，目前对实现类人的智能人形机器人最大的制约，并不在于智能大脑，而是在于物体躯体的灵活性方面。

再如，在医疗领域，目前，谷歌和亚马逊都已经出手了。

谷歌声称自己发布了首个全科医疗大模型——Med-PaLM M，不仅懂临床语言、懂影像，还懂基因组学。而在 246 份真实胸部 X 光片中，临床医生表示，在高达 40.50% 的病例中，Med-PaLM M 生成的报告要比专业放射科医生的更受采纳，Med-PaLM M 用于临床可以说是指日可待。谷歌自己也做出了评价，说这是人工智能在通用医学史上的一个里程碑。

亚马逊则发布了 AI 医疗应用 HealthScribe，HealthScribe 可以帮助总结医生就诊的情况并创建临床文档，包括转录并分析医患讨论、添加人工智能生成的见解等。

可以说，医疗机器人很快就会真正落地，从问诊机器人到手术机器人，医疗行业将会经历一场全面的 AI 化。这不仅将非常有效地解决当前医生医疗水平之间的差异，还会最大程度地解决就医难的问题。大部分常规疾病的诊断都将由机器人医生所取代，那么，未来是不是可以基于人形机器人技术，打造一个基检查、诊断、手术，也就是内外科为一体的全能型机器人医生呢？

这是完全有可能的。至于为什么会是基于人形的机器人，主要的核心是站在我们人类的认知与情感接受度层面来看待，如果将机器人医生设计成机器狗的样子，尽管在医疗能力上与人形或者其他物体形态的机器人之间并没有什么差别，但是我们人类的认知情感上总会难以建立情感信任与信赖，所以要将机器人设计成人形，不仅具有人形，而且是一个具有权威专家形象要素的人形机器人。

在未来的服务业领域，基于人形的智能机器人有望取代保姆、保安之类的职业。随着机器人技术的发展，机器人不仅可以当助手、管家、厨师，还可以为我们提供专业的护理服务。尽管目前的智能大脑可能还不具备超级智能和自我意识，但这丝毫不影响智能机器人以其强大、专业、友好的知识能力成为我们可以信赖的朋友。

比如，我们之前看到一些公司前台或展区设有导览机器人，很多是根据配置的问题答案库调取回答。这给我们留下的印象，这些机器人其实只是一个机器，跟我们设想中的机器人的概念还有很大的差距。但未来，接入类GPT技术的前台机器人不仅能做一些演示效果，还能真正与访客进行深入对话，通过深入交流解决来访者的实际问题。

当机器人进入工厂的时候，对制造业而言，意味着我们将真正进入一个无人工厂的时代。因为机器人不仅能够按照要求完成各种标准化工序的作业，而且基于超级大脑的机器人，还可以完成智慧工厂的管理。当然，更重要的是管理智慧工厂的能力远在我们人的能力之上。因为 AI 机器人在接入智慧工厂的数据之后，在算力能够支持的情况下，就可以实现实时的数据分析与决策，而我们人类的信息与数据处理能力根本无法达到 AI 机器人的能力程度。

而工业机器人相对人形机器人，将会更快实现普及，因为工业机器人更多的是实现定点的自动化生产工作。从目前全球的工业机器人市场行业格局来看，中国市场作为全球工业机器人最大的消费市场，占据全球出货量50%

以上，但在全球最大的单一市场（国内市场），国外厂商依旧占据明显优势。核心原因就在于我们制造业的格局，主要还是附加值较低的中低端制造业占比较大的比重，而这些产业目前都要实现机器换人的升级战略，这就催生出了对工业机器人的庞大需求。而在这个需求过程中，工业机器人的国产化率，在低端低精密要求领域国产化率较高，占据超过 50% 以上的市场份额。但是在自由度高且精度控制难度较大的高精密度机器人领域，目前我们的市场占有率比较低。

从工业机器人的核心技术来看，主要受制于三种上游核心技术，分别是减速器、控制器和伺服系统，但是这三者合计成本占据工业机器人总成本的约 60% 以上，直接影响着工业机器人的定价权。尽管我们在工业机器人这三大件国产化率方面近些年均有不同程度的上升，但国外厂商依旧占据一半以上的市场份额。如果拆分来看，减速器的国产化率较高，并且每年的渗透替代幅度也最为明显，而伺服系统与控制器的国产化进程表现都相对比较缓慢。而国产化比较好的减速器产业，目前在中高端领域依然存在着技术上的困难。目前的工业机器人减速器主要分为谐波减速器和 RV 减速器。谐波减速器方面，国产谐波减速器易发生筒体断裂、柔轮输出轴扭转刚性不足、齿面磨损等情况。使用寿命和精度主要受制于金属原材料、设计专利、加工工艺、零件装配等方面的制约。比如最基础的装配，我们在零件组装标准化程度方面欠缺，同时也缺乏经验丰富的技工。而相比谐波减速器，RV 减速器的结构更为复杂，由于其承载能力大等特点，对加工工艺的要求更为苛刻。目前，国产的 RV 减速器仍面临零部件定位不精准、精度标准化低、难以量产等问题。

这也就让我们看到，一方面机器人换人是大势所趋，先从工业领域开始，再随着人形机器人技术的突破而延伸到我们人类生活的方方面面中进行替代。另一方面，不论是从机器人的零部件硬件本身，还是控制系统等软件层面环节，我们国家都还存在着一定的提升空间，目前都还没有掌握技术的定价权。

不论是人形机器人先获得突破，还是工业机器人先获得突破，都将为我们实现机器人进入家庭的梦想提供帮助。比如，开车有自动驾驶的加了四个轮子的机器人，我们回家的时候有人形机器人，回家了跟机器人说"你帮我找点喝的"，机器人在接收到我们的信息后，会结合我们的习惯与我们的对话，根据我们日常的习惯判断我们可能想喝甜的还是酸的，哪个不适合我们，并且还会将水取出递给我们。这样看来，我们人类很快就将迎来一个人机协同的时代，不论从工业制造还是到日常生活，我们人类社会一切有规则的工作，都将被不同形态的机器人所取代，甚至连我们的宠物都将会被智能机器宠物所取代。

Chapter 3

第三章

人工智能走向泛在应用

3.1 人工智能在医疗

人工智能在医疗卫生领域的广泛应用正形成全球共识。

其实，AI 项目在医疗上已经存在了相当一段时间，AI 辅助诊断、AI 影像辅助决策等人工智能手段逐步走进临床。可以说，人工智能以独特的方式捍卫着人类健康福祉。ChatGPT 的出现进一步加速了 AI 在医疗领域的落地，并展现出令人兴奋的应用前景。

3.1.1 来自未来的 AI 医生

医生是医疗环节中不可缺少的一环，而这一环节正在被人工智能"攻破"。事实证明，AI 医生的表现并不比人类医生要差，甚至在很多方面表现得比人类医生更准确、更可靠。而 AI 医生的到来，则将进一步解决医疗行业医疗资源不均匀、医患供需失衡的问题，推动医疗真正走向一个平等、普惠、智能的时代。

美国执业医师资格考试以其难度著称，而 2023 年美国研究人员测试后却发现，聊天机器人 ChatGPT 无须经过专门训练或加强学习就能通过或接近通过这一考试。参与这项研究的测试人员主要来自美国医疗保健初创企业安西布尔健康公司（Ansible Health）。他们在美国《科学公共图书馆·数字健康》杂志发表的论文中说，他们从美国执业医师资格考试官网 2022 年 6 月发布的376 个考题中筛除基于图像的问题，让 ChatGPT 回答剩余 350 道题。这些题类型多样，既有要求考生依据已有信息给患者下诊断这样的开放式问题，也有诸如判断病因之类的选择题。两名评审人员负责阅卷打分。结果显示，在三个考试部分，去除模糊不清的回答后，ChatGPT 得分率在 52.4%~75%，而得分率在 60% 左右即可视为通过考试。其中，ChatGPT 有 88.9% 的主观回答包括"至少一个重要的见解"，即见解较新颖、临床上有效果且并非人人能看出来。研究人员认为，"在这个出了名难考的专业考试中达到及格分数，且在没有任何人为强化（训练）的前提下做到这一点"，这是人工智能在临床医学应用方面"值得注意的一件大事"，显示"大型语言模型可能有辅助医学教育、甚至临床决策的潜力"。

除了通过医考外，ChatGPT 的问诊水平也得到了业界的肯定。《美国医学会杂志》（*The Journal of the American Medical Association*）发表研究性简报，针对以 ChatGPT 为代表的在线对话人工智能模型在心血管疾病预防建议方面的使用合理性进行探讨，表示 ChatGPT 具有辅助临床工作的潜力，有助于加强患者教育，减少医生与患者沟通的壁垒和成本。

过程中，根据现行指南对 CVD（心血管疾病）三级预防保健建议和临床医生治疗经验，研究人员设立了 25 个具体问题，涉及疾病预防概念、风险因素咨询、检查结果和用药咨询等。每个问题均向 ChatGPT 提问 3 次，记录每次的回复内容。每个问题的 3 次回答都由 1 名评审员进行评定，评定结果分为合理、不合理或不靠谱，3 次回答中只要有 1 次回答有明显医学错误，可直接判断为"不合理"。结果显示，ChatGPT 的合理概率为 84%（21/25）。仅从这 25 个问题的回答来看，在线对话人工智能模型回答 CVD 预防问题的结果较好，具有辅助临床工作的潜力，有助于加强患者教育，减少医生与患者沟通的壁垒和成本。

其实，在全球范围内，医生工作的很大一部分时间都用在了各种各样的文书工作和行政任务上，这挤压了医生能够与患者进行更重要的病情诊断和沟通的时间。在 2018 年美国的一项调研中，70% 的医生表示，他们每周在文书工作和行政任务上花费 10 小时以上，其中近三分之一的人花费了 20 个小时或更长时间。

英国知名的圣玛丽医院的两名医生在《柳叶刀》上的评述文章指出，医疗保健是一个具有很大的标准化空间的行业，特别是在文档方面，我们应该对这些技术进步做出反应。

其中，"出院小结"就被认为是 ChatGPT 一个很典型的应用，因为它们在很大程度上是标准化的格式。ChatGPT 在医生输入特定信息的简要说明、需详细说明的概念和要解释的医嘱后，在几秒内即可输出正式的出院摘要。这一过程的自动化可以减轻低年资医生的工作负担，让他们有更多时间为患者提供服务。

当然，对于医疗行业来说，目前的 ChatGPT 还不足够完美，也有 BUG（漏洞）存在——它存在提供的信息不准确、有虚构和偏见等问题，使得其在这个专业门槛很高的行业中应用时应该更加审慎。但无论如何，ChatGPT 都已经打开了一个全新的 AI 医疗应用阶段。

一方面，这让我们看到互联网医疗时代将会被加速开启，我们可以借助于 ChatGPT 来实现在线问诊。并且基于强大的诊疗数据库，以及庞大的、最新的医学知识的训练，ChatGPT 可以做到比一般医生更为专业、客观的诊断建议。并且可以实现实时的多用户同步诊断。比如，在 2022 年召开的第 17 届欧洲克罗恩病及结肠炎组织年会（ECCO 2022）上，关于内镜和组织病理学的讨论议题中，来自世界各地的医学专家不仅将内镜、组织学之间的关系再次进行了探索和阐明，更重要的影响在于会议提出了在"医学 + 人工智能"的趋势下，AI 判读内镜和组织学的科研成了重要的发展方向。在这次会议上，法国的医学专家洛朗 – 佩林 – 比鲁莱（Laurent Peyrin-Biroulet）就介绍了一项使用人工智能判读 UC（溃疡性结肠炎）组织学疾病活动的研究。这项研究使用法国瓦南多夫勒 – 南希（Vandoeuvre-lès-Nancy）医院数据库的 200 张 UC 患者的组织学图像，将其录入能够自行判读组织学进展并计算 NANCY 指数（该指数是经过验证的组织学指数，由"溃疡、急性炎症细胞浸润和慢性炎症细胞浸润" 3 个组织学项目组成，定义了 5 个疾病活动等级"0~4 级"）的 AI 系统。

简单理解就是医院使用了 200 张 UC 患者的 X 线影像报告并结合他们所开发的人工智能读片系统进行诊断。再将系统的判读结果与我们人类医生，也就是 3 名组织病理专家的判读结果相对照（使用组内相关系数，即 ICC），以了解与验证 AI 判读用于 UC 诊疗的可行性。

对照结果显示，3 名组织病理学家之间的平均 ICC 为 89.33，而人工判读与 AI 判读之间的平均 ICC 为 87.20。从对比结果来看（表 3-1），AI 判读结果与人工判读结果相当接近。这只是基于一个小样本量所训练出来的 AI 读片系统，而 AI 系统只要给予更多的样本量进行训练，其判读的准确率将远超我们人类专家的判读水平，并且在判读的效率层面更是远超我们人类的专家。

表 3-1 人工判读与 AI 判读准确率对比结果

使用组内相关系数，%			
	人类医生 1	人类医生 2	人类医生 3
人类医生 2	87.20		
人类医生 3	91.74	89.06	
人类医生 1	85.48	90.66	85.47
平均使用组内相关系数，%			
人类医生	89.33		
人工智能与人类医生	87.20		
AI, 人工智能 ;IAG, 图像分析组 ;ICC, 使用组内相关系数 ; HP, 人类医生			

再如，中国著名胸外科专家、中山大学肿瘤防治中心胸科主任、肺癌首席专家张兰军教授，在 2018 年联合腾讯，应用先进的图像识别系统以及神经卷积函数算法，把肺结节的诊断经验、良性结节和恶性结节的特征输入机器人系统中，通过数据的持续增多，不断训练机器去准确识别肺结节。当时这个 AI+ 诊断的项目被称为"觅影"。人工智能通过训练后，张教授组织医院

的主任医师和这些机器人进行比赛，看看人工智能和人谁更厉害，结果发现：机器人的诊断能力并不差于高级医生。这就让我们看到，机器根据规则，或者说病理的诊断标准进行诊断，不受人为因素影响，所出现的失误率会远低于人类医生。

另外，则是让我们看到 ChatGPT 对医生行业所带来的颠覆，并且将非常有效地解决当前医生医疗水平之间的差异，以及最大程度地解决就医难的问题。根据世界卫生组织的数据，预计到 2030 年全球将有 1000 万医护人员短缺，主要是在低收入国家。《福布斯》杂志在 2023 年 2 月 6 日的一篇文章中指出，在全球那些医疗服务匮乏的地区，人工智能可以扩大人们获得优质医疗保健的机会。未来，大部分的常规疾病的诊断都可以由人工智能医生所取代。

人工智能对医疗行业所带来的颠覆已经开始，未来我们会更愿意接受人工智能医生的诊断，还是更愿意接受真实医生的诊断，或许时间会告诉我们。或许在严谨与规则的技术面前，人工智能比人更靠谱。

3.1.2　数字疗法指日可待

今天，如果我们生病需要治疗，传统的治疗方式就是以药物和医疗器械作为主要治疗方案。试想有一天，我们去医院看病，医生开具的处方却不是药物，而是一款软件，并且嘱咐我们"回去记得每天玩 15 分钟"，这看起来有些难以理解，在不久的将来或许就会成为诊室里真实发生的事情。带来这一改变的，就是一项基于数字技术而诞生的新的治疗手段——数字疗法，而人工智能将成为推动数字疗法进入临床应用和普及的关键。

数字疗法是什么？

早在 1995 年，美国波士顿约瑟夫·克维达尔（Joseph Kvedar）博士牵头的一个项目，试图建立一套与传统诊疗方式明显不同的"一对多"的医疗服务技术系统，成为数字疗法概念建立的滥觞，美国食品药品监督管理局（Food and Drug Administration，FDA）在 2010 年批准了全球首个数字疗法产品。

2012 年，数字疗法的概念就已经在美国流行，根据美国数字疗法联盟的官方定义，数字疗法是一种基于软件、以循证医学为基础的干预方案，用以治疗、管理或预防疾病。通过数字疗法，患者得以循证治疗和预防、管理身体、心理和疾病状况。数字疗法可以独立使用，也可以与药物、设备或其他疗法配合使用。

更简单来理解，传统治疗中病人往往根据医生开具的处方去药房取药，数字疗法则是将其中的药物更换为了某款手机软件，当然，也可能是软硬件结合的产品。数字疗法可能是一款游戏，也可能是行为指导方案等，其作用机制是通过行为干预，带来细胞甚至分子生物学层面的变化，进而影响疾病状况。

就像常规药品一样，数字疗法也包含数字化形式的"数字化活性成分"和"数字化辅佐剂"。"数字疗法的活性成分"主要负责临床治疗获益，"辅佐剂"则包括虚拟助手、自然语言处理系统、数字化激励系统、数字化药品提示、与医生交流、与其他患者交流以及临床诊疗记录信息等。"辅佐剂"是确保患者获得最佳体验，并且长期应用数字疗法的必要元素。

举个例子，如果我们因为慢性失眠问题去看医生，传统的治疗手段有两种，一种是医生开具安定等处方药物，另一种是需要医生面对面进行的认知行为治疗（CBT-I），这种临床一线非药物干预方法受到医生数量有限、时间和空间的限制，其应用效果不佳。

这个时候，如果医生开一个数字疗法处方，比如通过美国食药监局认证的 Somryst®，相当于把线下认知行为治疗搬到了线上，摆脱了医生和时空的限制，以图片、文字、动画、音频、视频等患者易于理解和接受的方式进行个性化组合治疗。Somryst® 包含一份睡眠日志和六个指导模块，患者按照顺序依次完成六个指导模块的治疗，每天记录睡眠情况并完成 40 分钟左右课程。不同的阶段有不同的课程，最终，患者通过 9 周的疗程养成良好的睡眠习惯。

相较于传统疗法，数字疗法在互联网时代的优势是显而易见的。一是数字疗法可以通过远程访问实施问诊或治疗，以减少对医院和诊所不必要的访问，尤其是现代社会已经加速了互联网医疗需求端的培育，快速提升了消费者对互联网医疗的认知度。二是数字疗法可以针对患者时间和物理空间的情况进行个性化定制。三是数字疗法易于扩展，可以通过手机或者平板非常方便地访问。

可以看见，数字疗法在互联网和虚拟环境中应用显得更加相得益彰，是数字化技术带来的又一创新空间。

数字疗法求解精神疾病

实际上，数字疗法最大的意义并不在于技术的突破，而是革新了药物的形式，这种形式也更新了人们对疾病的治疗手段，带来了更多更有效治疗疾病的方法。精神疾病是数字疗法目前应用最为广泛的领域，针对抑郁症、小儿多动症、老年认知障碍、精神分裂症等，应用数字疗法都有很好的效果。而在应用过程中，AI 则扮演着关键作用。

具体来看，在医学领域中，没有任何可靠的生物标记可以用来诊断精神疾病。精神病学家们想找出发现思想消极的捷径却总是得不到结果，这使许多精神病学的发展停滞不前。它让精神疾病的诊断变得缓慢、困难并且主观，阻止了研究人员理解各种精神疾病的真正本质和原因，也研究不出更好的治疗方法。

但这样的困境并不绝对，事实上，精神科医生诊断所依据的患者语言给精神病的诊断突破提供了重要的线索。

1908 年，瑞士精神病学家保尔·厄根·布洛伊勒（Paul Eugen Bleuler）

宣布了他和同事们正在研究的一种疾病的名称：精神分裂症。他注意到这种疾病的症状是如何"在语言中表现出来的"，但是他补充说，"这种异常不在于语言本身，而在于它表达的东西"。布洛伊勒是最早关注精神分裂症"阴性"症状的学者之一，也就是健康的人身上不会出现的症状。这些症状不如所谓的"阳性"症状那么明显，阳性症状表明出现了额外的症状，比如幻觉。最常见的负面症状之一是口吃或语言障碍。患者会尽量少说，经常使用模糊的、重复的、刻板的短语。这就是精神病学家所说的低语义密度。

低语义密度是患者可能患有精神病风险的一个警示信号。有些研究项目表明，患有精神病的高风险人群一般很少使用"我的""他的"或"我们的"等所有格代词。基于此，研究人员把对于精神疾病的诊断突破转向了机器对语义的识别。

而今天，互联网已经深度融入社会和人们的生活，无处不在的智能手机和社交媒体让人们的语言从未像现在这样容易被记录、分析和数字化。ChatGPT 如果能够对人们的语言选择、睡眠模式到给朋友打电话的频率的数据进行深入分析，就能够更密切和持续地测量患者日常生活中的各种生物特征信息，如情绪、活动、心率和睡眠，并将这些信息与临床症状联系起来，从而改善临床实践。

另一个具体的例子来自研究人员对 ChatGPT 诊断阿尔茨海默病（Alzheimer's disease，AD）的研究。2022 年 12 月 22 日，来自美国德雷塞尔大学的两名学者在公共科学图书馆数字健康（Public Library of Science，PLOS Digital Health）上发表的一篇论文，论文中，研究人员将 ChatGPT 用于诊断阿尔茨海默病。

作为痴呆症中最常见的一种，阿尔茨海默病（AD）是一种退行性中枢神经系统疾病，多年来科学家们一直在研发抗 AD 的特效药，但目前进展有限。目前诊断 AD 的做法通常包括病史回顾以及冗长的身体和神经系统评估和测试。由于 60%~80% 的痴呆症患者都有语言障碍，研究人员一直在关注那些能够捕捉细微语言线索的应用，包括识别犹豫、语法和发音错误以及忘记词语等，将其作为筛查早期 AD 的一种快捷、低成本的手段。

德雷塞尔大学发表的这项研究发现，OpenAI 的 GPT-3 程序，可以从自发语音中识别线索，预测痴呆症早期阶段的准确率达到 80%。人工智能可以用作有效的决策支持系统，为医生提供有价值的数据用于诊断和治疗。人眼可能会错过 CT 扫描中的微小异常，但经过训练的 AI 却能跟踪最小的细节，毕竟每个医生的记忆都有限，无论如何也比不过计算机的强大存储。

或许很快，数字疗法就会成为在心理学和医学的许多领域实施心理诊断的新的有力工具。基于社交媒体、智能手机或其他互联网来源的数字足迹的人工智能分析可用于精神疾病的诊断与精准治疗，这也是人工智能相较于传统精神疾病诊断的无可比拟的优势和潜力所在。

除了精神疾病外，未来，数字疗法将在真实医疗世界里充当一个高效率、高质量、低成本、高可及度的补充型角色，在严肃的医疗框架中设计数字疗法和现有的医疗产业结合的最优形态，并带给我们一场医疗范式的革命，更有效地治疗更多疾病。

3.1.3　开启 AI 制药新篇章

当前，新药研发正面临着成本高、收益率下降的双重困境。新药研发是一个风险大、周期长、成本高的艰难历程，国际上有一个传统的"双十"说法——10 年时间，10 亿美元，才可能成功研发出一款新药。即使如此，大约只有 10% 的新药能被批准进入临床期，最终只有更小比例的药物分子可以上市。据 2017 年德勤发布的报告指出，成功上市一个新药的成本从 2010 年的 11.88 亿美元已经增加到 20 亿美元。而 2017 年全球 TOP12 制药巨头在研发上的投资回报率低到 3.2%，处于 8 年来的最低水平。面对投入越来越高的制药领域，人工智能作为一种新兴技术，被视为新药研发实现降本增效的重要方式之一。

传统制药穷途末路

尽管现代医学的高速发展拯救了越来越多的生命，但是，与现存的疾病数目相比，现代医学已研发出的药物依然是九牛一毛。有许多疾病至今无药可治，而新的病毒又层出不穷。制药业是危险与迷人并存的行业，昂贵且漫长。一款新型药物的推出，需要经过药物发现、临床前研究、临床研究和审批上市等多阶段，而这往往需要耗费十几年乃至数十年的时间，以及数十亿美元的成本，即便如此，其失败率依然高达 90% 以上。

通常，一款药物的研发可以分为药物发现和临床研究两个阶段。在药物发现阶段，需要科学家先建立疾病假说，发现靶点，设计化合物，再展开临床前研究。其中，仅发现靶点、设计化合物环节就障碍重重，包括苗头化合物筛选、先导化合物优化、候选化合物的确定、合成等，每一步都面临高淘汰率。

阿尔茨海默病，俗称老年痴呆，是一种神经系统退行性疾病，在 1906 年由一位德国医生首次发现并且报道。阿尔茨海默病临床表现为渐进性记忆障碍、认知功能障碍和语言障碍等，出现失语、失用、失认等病症表现，就像是记忆的橡皮擦，一点点擦去患者与其家人、朋友的记忆。

遗憾的是，到目前为止，仍没有明确的治疗阿尔茨海默病的方法。也就是说，我们等待了 100 年，还是没有找到更好的药。2019 年，国际阿尔茨海默病协会估计全球有超过 5000 万人患有阿尔茨海默病，到 2050 年，这一数字将飙升至 1.52 亿。没有可以治疗阿尔茨海默病的药，就意味着 2050 年，这1.52 亿人群仍要遭受阿尔茨海默病的困扰。

《自然》（Nature）在 2017 年发表了题为《人工智能助力化学药物 "宇宙"

漫游指南》（*The drug-maker's guide to the galaxy*）的文章，文章指出：经过化学家的分析，在整个化学空间里面，人们可以找到的药物分子的个数，可能性是 10 的 60 次方。要知道，太阳系里面所有的原子加到一起，数量大概也只有 10 的 54 次方。更不用说在传统实验室里，通过传统的药物筛选办法能够接触到的分子数量，大概仅有 10 的 11 次方。11 和 60，这两个数字中间，就是横亘在一款新药走向临床道路的巨大天堑。

并且，一种药物，即便是经过成千上万种化合物的筛选，也仅有几种能顺利进入最后的研发环节，大约只有 10% 新药能被批准进入临床期，最终只有更小比例的药物分子可以上市。在这样的筛选比例下，无怪投资人将新药"从实验室进入临床试验阶段"描述为"死亡之谷"。

随着现代医学的精进，其所研发新药的难度也日益提升。一方面，2017年全球 TOP12 制药巨头在研发上的投资回报率仅有 3.2%，处于 8 年来的最低水平。过去公认的高投入和高回报，似乎落到了低谷。另一方面，全球新药管线中处于后期阶段的项目越来越少，2016 年尚有 189 个 Ⅲ 期项目，2017 年则落到 159 个 Ⅲ 期项目。传统的制药似乎已经走到穷途末路。

人工智能如何制药？

面对传统制药行业高成本、高投入、高风险的困境，人工智能作为一种新兴技术，被寄予希望成为拧动这一难题的钥匙。

事实上，人工智能研发制药并不是近来才有的事情。1981 年的《发现》（*Discovery*）杂志就已经清楚地解释了计算机对于制药业的重要性："平均下来，医药公司每筛选出的 8000 个药用分子中，只有 1 款能最终问世。计算机有望能提高这个比例——化学家们再也不用整周、甚至是整月地待在实验室，去测试那些计算机认为难以成功的分子。"

几个月后，《财富》杂志的封面则对计算机辅助的药物发现进行了专题报道，并称这项技术为"下一次工业革命"。人工智能被制药业寄予颠覆性的期望并不是没有原因的，面对似乎已经走到穷途末路的传统制药，人工智能制药无疑是实现制药业降本增效的重要方式之一。

具体而言，在药物发现阶段，科学家需要先建立疾病假说，发现靶点，设计化合物，再展开临床前研究。而传统药企在药物研发过程中必须进行大量模拟测试，研发周期长、成本高、成功率低。其中，仅发现靶点、设计化合物环节，就障碍重重，包括苗头化合物筛选、先导化合物优化、候选化合物的确定、合成等，每一步都面临较高的淘汰率。对于发现靶点来说，需要通过不断的实验筛选，从几百个分子中寻找有治疗效果的化学分子。此外，人类思维有一定趋同性，针对同一个靶点的新药，有时难免结构相近、甚至引发专利诉讼。最后，一种药物，可能需要对成千上万种化合物进行筛选，即便这样，也仅有几种能顺利进入最后的研发环节。

然而，通过人工智能技术却可以寻找疾病、基因和药物之间的深层次联系，以降低高昂的研发费用和失败率。基于疾病代谢数据、大规模基因组识别、蛋白组学、代谢组学，AI 可以对候选化合物进行虚拟高通量筛选，寻找药物与疾病、疾病与基因的链接关系，提升药物开发效率，提高药物开发的成功率。

科研人员可以使用人工智能的文本分析功能搜索并剖析海量文献、专利和临床结果，找出潜在的、被忽视的通路、蛋白、机制等与疾病的相关关系，进一步提出新的可供测试的假说，从而找到新机制和新靶点。渐冻人症（ALS）就是由特定基因引起的一类罕见病，而沃森（IBM Watson）使用人工智能技术来检测数万个基因与 ALS 的关联性，成功发现了 5 个与 ALS 相关的基因，推进了人类对渐冻人症的研究进展（此前医学已发现了 3 个与 ALS 相关基因）。

在候选化合物方面，人工智能可以进行虚拟筛选，帮助科研人员高效找到活性较高的化合物，提高潜在药物的筛选速度和成功率。比如，美国

Atomwise 公司使用深度卷积神经网络 AtomNet 来支持基于结构的药物设计辅助药品研发，通过 AI 分析药物数据库模拟研发过程，预测潜在的候选药物，评估新药研发风险，预测药物效果。制药公司安斯泰莱制药（Astellas）与努梅迪（NuMedii）公司合作使用基于神经网络的算法寻找新的候选药物、预测疾病的生物标志物。

当药物研发经历药物发现阶段，成功进入临床研究阶段时，则进入了整个药物批准程序中最耗时且成本最高的阶段。临床试验分为多阶段进行，包括临床 I 期（安全性），临床 II 期（有效性），和临床 III 期（大规模的安全性和有效性）的测试。传统的临床试验中，招募患者成本很高，信息不对称是需要解决的首要问题。CB Insights（市场数据研究平台）的一项调查显示，临床试验延后的最大原因来自人员招募环节，约有 80% 的试验无法按时找到理想的试药志愿者。临床试验中的一大重要部分，在于严格遵守协议，简言之，如果志愿者未能遵守试验规则，那么必须将相关数据从集合中删除。否则，一旦未能及时发现，这些包含错误用药背景的数据可能严重歪曲试验结果。此外，保证参与者在正确时间服用正确的药物，对于维护结果的准确性也同样重要。

但人工智能却可以轻易解决这些难点。比如，人工智能可以利用技术手段从患者医疗记录中提取有效信息，并与正在进行的临床研究进行匹配，从而很大程度上简化了招募过程。对于实验过程中存在的患者服药依从性无法监测等问题，人工智能技术可以实现对患者的持续性监测，比如利用传感器跟踪药物摄入情况、用图像和面部识别跟踪病人服药依从性。苹果公司就推出了开源框架 ResearchKit 和 CareKit，不仅可以帮助临床试验招募患者，还可以帮助研究人员利用应用程序远程监控患者的健康状况、日常生活等。

蛋白质结构之谜

特别值得一提的是，在新药发明的过程中，有一个关键的步骤，即识别新药靶点，也就是药物在体内的结合位置。过去几十年，尽管人类每年在制药方面的投资高达几百亿美元，但是平均而言，研究人员每年仍然只能找到5种新药。其中关键的问题就在于蛋白质的复杂性——大多数潜在药物的靶点都是蛋白质，而蛋白质的结构，又实在是太复杂了。

人类生命得以运转离不开生物学里的"中心法则"。一方面，上一代生物会把自身携带的遗传物质，也就是DNA分子，照原样复制一份，传递到后代体内，一代代传递下去。另一方面，在每一代生物的生命过程中，这套遗传信息又可以从DNA传递给RNA，再从RNA传递给蛋白质，即完成遗传信息的转录和翻译的过程，执行各种各样的生物学功能。

其中，不论是从遗传信息到DNA，还是从遗传信息到蛋白质，都离不开4种不同碱基的排列组合。对于遗传信息到蛋白质来说，这4种不同碱基的排列组合，可以翻译出64种密码子。这64种密码子又对应着整个地球生命系统中仅有的20多种氨基酸，而20多种氨基酸的排列组合，则构成了数万至数亿种不同的蛋白质。所有生物都是由蛋白质构成的，蛋白质是一切生命系统的物质基础，密切参与着从触发免疫反映到大脑思考的每一个生理过程。

蛋白质的结构，决定了蛋白质的功能。蛋白质只有正确折叠为特定的3D构型，才能发挥相应的生物学功能。而蛋白质四级结构的折叠，受到大量非共价相互作用的影响，想要从分子水平上了解蛋白质的作用机制，就需要精确测出蛋白质的3D结构。

其中，蛋白质的结构，除了包括不同氨基酸的排列组合，更重要的是氨基酸链的3D结构。氨基酸链扭转、弯曲构成不同的蛋白质，因此，具有数百个氨基酸的蛋白质可能呈现出数量惊人的不同结构。一个只有100个氨基酸的蛋白质，已经是一个非常小的蛋白质了，但就是这么小的蛋白质，可以产生的可能形状的种类依然是一个天文数字，大约是一个1后面跟着三百个0。

这也正是蛋白质折叠一直被认为是一个即使大型超级计算机也无法解决的难题的原因。

在这样的认知下，半个多世纪以来，医学研究人员们开发了各样的技术来预测蛋白质的结构。1959 年，马克斯·佩鲁茨（Max Ferdinand）和约翰·肯德鲁（Sir John Kendrew）对血红蛋白和肌血蛋白进行结构分析，解决了三维空间结构，并因此获得 1962 年诺贝尔化学奖。这也是人类历史上第一次彻底看清蛋白质分子机器的细节。

之后，赫伯特·豪普特曼（Herbert A. Hauptman）和杰罗姆·卡尔勒（Jerome Karle）建立了应用 X 射线分析的以直接法测定晶体结构的纯数学理论，在晶体研究中具有划时代的意义，特别在研究大分子生物物质如激素、抗生素、蛋白质及新型药物分子结构方面起了重要作用，因此获得 1985 年诺贝尔化学奖。

2017 年，诺贝尔化学奖授予发明了冷冻电镜技术的三位科学家，以表彰其对探明生物分子高分辨率结构的贡献。然而，对于想要更深层次理解生命现象过程以及更复杂的药物研发而言，仅靠这种"观察"的手段来研究蛋白质的结构，却难以满足需求。

对于一种复杂蛋白质结构的测定，往往需要耗费大量的时间和成本，甚至还不一定准确。历史上，动辄有科学家耗费几年、几十年时间才能得到一个清晰的蛋白质三维结构。比如，因为基因测序技术的高速进步，人类掌握的基因序列已经有 1.8 亿条，但其中三维结构信息被彻底看清的只有 17 万个，还不到 0.1%。

这也成了一直以来在生物学领域蛋白质三维结构难以突破的瓶颈所在。这样棘手的难题，却是人工智能的强项。特别是深度学习的应用，终于让蛋白质折叠问题初现曙光。

从 1994 年开始，为了监测这种超越超级计算机能力的蛋白质折叠过程，科学界每年都会举办一次蛋白质结构预测关键评估（CASP）大赛。直到2018年几乎没有人取得过成功。但是，DeepMind的开发者们利用神经网络化解开了这个难题。他们开发出了一种人工智能，可以通过挖掘大量的数据集来确定蛋白质碱基对于它们的化学键的角之间的可能距离——这是蛋白质折叠的基础。他们把这个人工智能命名为AlphaFold。

2018年，AlphaFold首次参加了CASP大赛，并拔得头筹。在2018年的比赛中，AlphaFold需要与其他参赛的人工智能比赛，解决43个蛋白质折叠的问题。最终，AlphaFold答对了25个，而获得第二名的人工智能只勉强答对了3个。AlphaFold的诞生，成了蛋白质结构解析领域的里程碑，也彻底改变了成千上万生物学家的研究。

事实上，为了开发AlphaFold，DeepMind用了数千种已知蛋白质训练神经网络，直到它可以独立预测氨基酸的3D结构。对于新蛋白质，AlphaFold使用神经网络预测氨基酸对之间的距离以及连接它们的化学键之间的角度。接着，AlphaFold调整结构以找到最节能的氨基酸布置。

需要指出的是，AlphaFold虽然拿了第一，但是与第二名比较而言其优势并不明显，也没有表现出与传统思路之间的革命性差异。并且，AlphaFold并不能算是人工智能完全体，它还借鉴了不少学术研究的成果，特别是大卫·贝克（DavidBaker）教授的Rosetta程序和芝加哥大学徐锦波教授的RaptorX-Contact程序。用人工智能来预测蛋白质结构的真正突破，还在于AlphaFold2的问世。

2020年，DeepMind发布了AlphaFold软件的第二个版本。和两年前的上一个版本相比，AlphaFold2的主要变化在于直接训练蛋白质结构的原子坐标，而不是用以往常用的、简化了的原子间距或者接触图。这也使得AlphaFold2在解析蛋白结构的速度上有了进一步的提高。传统上，蛋白质结构预测可以分成基于模板和从头预测，但是AlphaFold2用同一种方法——机器学习，对几乎所有的蛋白质都预测出了正确的拓扑学的结构，其中有大约 2/3 的蛋白质预测精度达到了结构生物学实验的测量精度。

与 AlphaFold2 同进步的并于同日在《科学》（Science）上发表的，还有华盛顿大学医学院蛋白质设计研究所的研究者们，他们联合多个实验室等机构研发出基于深度学习的蛋白质预测新工具 RoseTTAFold，其在预测蛋白质结构上取得了媲美 AlphaFold2 的超高准确率，而且速度更快、所需要的计算机处理能力也并不复杂。

以 AlphaFold2 为代表的蛋白质预测工具不仅改变了科学家测定蛋白质结构的方式，一些研究人员还在利用这些工具打造全新的蛋白质。

华盛顿大学生物化学家、蛋白质设计和结构预测领域带头人大卫·贝克表示，深度学习彻底改变了他们团队设计蛋白质的方式。贝克的团队让 AlphaFold 和 RoseTTAFold 来设计新的蛋白。他们改写了人工智能的代码，让软件在得到随机氨基酸序列的情况下，对它们进行优化，直到合成出能被这些神经网络识别为蛋白的东西。

2021 年 12 月，贝克的研究团队报告了他们在细菌中对 129 种幻想蛋白进行了试验，发现其中约 1/5 的蛋白会折叠成类似他们预测的结构，同时也是这种网络能用来设计蛋白质的首个证明。

基于此，2022 年 7 月 21 日，来自华盛顿大学等机构的科学家们在《科学》杂志上发布了一款新的 AI 软件，该软件能够为自然界中尚不存在的蛋白质绘制结构。更重要的是，科学家们已经利用这一软件创造出潜在用于工业反应、癌症治疗、甚至用于预防呼吸道合胞病毒（RSV）感染的候选疫苗的原始化合物。

随着人工智能预测蛋白质结构的成熟，人类关于蛋白质分子的理解还将经历一次革命性的升级。这些海量的结构信息，能让人们把对生命现象的理解再次往前大大推进一步。

拨开制药迷雾

今天，在以 ChatGPT 为代表的 AI 大模型的爆发下，人工智能制药正在迈向一个新阶段。ChatGPT 代表了两大要素：一是以自然语言为媒介打破了以往"计算机 + 生命科学"的交互方式及门槛；二是深度生成模型为生物医药带来新的活力，提升研发效率与质量。

Gartner 分析师布莱恩·伯克（Brian Burke）表示，制药公司正在使用生成式 AI 设计针对疾病的蛋白质模型的特性或功能，"几乎所有大型制药公司和许多小型制药初创公司都在致力于研究生成式人工智能，它们已经开发了几年。一些药物现在正在进行临床试验。这将是制药行业的重大转变。"

实际上，早在 2019 年，研究人员发表在《中心科学》（*ACS Central Science*）杂志上的一篇论文中就描述了如何使用 GPT 相关技术识别新的抗菌药物。该研究表明，GPT 在药物发现中的应用可以帮助药物研发人员更快速、高效地开发新的化合物。剑桥大学的研究人员已经利用 ChatGPT 确定了一个治疗阿尔茨海默病的新靶点；旧金山加利福尼亚大学的研究人员也通过 ChatGPT 分析电子健康记录，识别了现实环境中存在的潜在药物间相互作用的关系。

2022 年 12 月，Meta AI 则利用其基于 2.5 亿条天然蛋白质序列的预训练语言模型，生成了 228 条蛋白质序列，其中 152 条序列能够进行可溶性表达，且蛋白序列具备极佳的新颖性。Salesforce Research（AI 研究企业）在《自然生物学技术》（*Nature Biotechnology*）上发表的一篇文章也力证了生成式 AI 制药的可能性：通过 ProGen 模型进行蛋白质生成的工作，该模型生成的具备特定属性的蛋白序列多样性强，且生成的酶能够展现出与天然酶相似的活性。

当前，不少 AI 制药公司都将 ChatGPT 的问答方式加入自己的研发平台中，比如晶泰科技的 ProteinGPT。晶泰科技自主开发了大分子药物 De novo 设计平台 XuperNovo®，该平台包含了一系列大分子药物从头设计策略，其中一款策略在内部被称为"ProteinGPT"，其技术路线与 ChatGPT 相似，可以一键生成符合要求的蛋白药物。

再如，英矽智能的 ChatPandaGPT。英矽智能是一家端到端的人工智能驱动的医药研发公司，目前已经融资到 D 轮，同时有多个处于临床和临床前阶段的分子。基于近期在大型语言模型上的最新进展，研发团队已在其靶点发现平台 PandaOmics 上整合了先进的 AI 问答功能。这项新功能被称为"ChatPandaGPT"。根据该公司官网的信息，ChatPandaGPT 是专门为提供与分子生物学、治疗性靶点发现和药物开发相关的信息和问答而设计的。基于自然语言处理和机器学习算法，ChatPandaGPT 可以自动对用户的问题进行理解和解释，并提供一种更个性化获得关于分子生物学、治疗性靶点发现和药物开发相关信息的方式。

还有英飞智药的 PharGPT。英飞智药由北京大学前沿交叉学科研究院定量生物学中心的裴剑锋创办，致力于 AI 制药技术的系统性落地，旗下 PharmaMind 是集成人工智能和计算模拟设计技术的小分子创新药物研发平台。2023 年 2 月 15 日，英飞智药宣布其与北京大学共同研发的药物设计版 ChatGPT 工具——PharGPT，现已集成到 PharmaMind® 客户端 V3.8 版本中。根据笔者体验，该模块主要通过输入 smiles 格式的分子，实现新分子的生成与片段替换。

此外，李彦宏发起创立的生物计算公司百图生科也宣布了其生物版 GPT。2023 年 3 月 23 日，百图生科在北京发布生命科学大模型驱动的 AIGP——AI Generated Protein 平台，设置了三类功能模块，可以在较短时间内设计和生成具有特定性质的蛋白质。百图生科计划于 2023 年 6 月起将部分功能模块进一步开放，让专业用户可以直接自主使用。

当然，在制药领域以 GPT 为代表的 AI 大模型可能在某种程度上可以帮助发现靶点、生成分子，甚至产生一些之前未曾考虑过的新想法，但将其真正落地 AI 制药也还需要很多的研究和探索。

今天，人工智能掀起的制药革命会走向何方依然无法预见，但 AlphaFold2 和 ChatGPT 等一众人工智能工具的开发都已经向科学家们显示出科技发展的巨大力量。可以想象，在未来，如果把人工智能 AlphaFold 与 ChatGPT 等结合起来，再加上量子计算领域可预期的突破，我们就将真正走出制药的迷雾，迈向一条全新的 AI 制药坦途。

3.2　人工智能在教育

人类总是借助于工具认识世界。工具的发明创新推动着人类历史的进步，同样，教育手段方法的变革创新也推动着教育的进步与发展。人工智能介入教育正在流行。人工智能改变教育，是一个必然且正在发生的事实。就像计算机技术诞生与发展迅速而深刻地改变着人类的生活方式一样，如今，在商业、交通、金融、生产等领域，计算机正在颠覆着传统的模式，教育领域也不例外。

3.2.1　冲击传统教育模式

人工智能改变教育，是一个必然且正在发生的事实，已经有很多 AI 产品在教育中发挥作用。比如幼教、高等教育、职业教育等各类教育行业中，AI 已经应用在拍照搜题、分层排课、口语测评、组卷阅卷、作文批改、作业布置等场景中。而 ChatGPT 的爆发则进一步冲击了当前的教育模式。其中一个最直接的表现是，学生们开始用 ChatGPT 完成作业。

斯坦福大学校园媒体《斯坦福日报》的一项匿名调查显示，大约 17% 的受访斯坦福学生（4497 名）表示，使用过 ChatGPT 来协助他们完成秋季作业和考试。斯坦福大学发言人迪·缪斯特菲（Dee Mostofi）表示，该校司法事务委员会一直在监控新兴的人工智能工具，并将讨论它们如何与该校的荣誉准则相关联。

在线课程供应商 Study.com 面向全球 1000 名 18 岁以上学生的一项调查显示，每 10 个学生中就有超过 9 个知道 ChatGPT，超过 89% 的学生使用 ChatGPT 来完成家庭作业，48% 的学生用 ChatGPT 完成小测验，53% 的学生用 ChatGPT 写论文，22% 的学生用 ChatGPT 生成论文大纲。

ChatGPT 的突然到来，让全球教育界都警惕起来。为此，美国一些地区的学校不得不全面禁止了 ChatGPT，还有人开发了专门的软件来查验学生递交的文本作业是否是由 AI 完成的。纽约市教育部门发言人认为，该工具"不会培养批判性思维和解决问题的能力"。

哲学家、语言学家艾弗拉姆·诺姆·乔姆斯基（Avram Noam Chomsky）更是表示，ChatGPT 本质上是"高科技剽窃"和"避免学习的一种方式"。乔姆斯基认为，学生本能地使用高科技来逃避学习是"教育系统失败的标志"。

当然，在高举反对大旗的同时，也有不同的声音以及对此的反思。比如，复旦大学的赵斌老师对 ChatGPT 的态度就是"打不过就加入"，赵斌老师表示，ChatGPT 会变成他教学中一个非常重要的工具。在新学期的头几节课，他就会告诉学生，我们来学习 ChatGPT。根据赵斌老师的初步想法，学生看完了这节课之后，跟 ChatGPT 进行对话，去了解一些新的东西，再把内容整理出来，最后提交一个作业。正如赵斌老师所言："因为我现在更关注的是，学生提问题的能力，也就是他们上完课之后，将会对机器提什么样的问题，想去了解什么样的知识，这才是我的重点。"

事实上，任何一项新技术，尤其是革命性的技术出现，都会引发争论。比如汽车的出现，曾经就引发了马车夫的强烈反对。而客观来看，人工智能时代是一种必然的趋势，只是 ChatGPT 让我们设想中的人工智能时代离我们更近了。在我们很多人还没有准备好迎接的情况下，一下子就来了，并且能够真正帮助我们处理工作了，不仅如此，还能处理得比人类更好。这必然会引发一些人反对。但不论我们是反对还是选择接受，最终都不能改变人工智能时代的到来。

对于教育领域而言，我们根本不需要担心 ChatGPT 是否能够帮助学生写作业，或是帮助学生写论文这种事情。尤其是对于应试教育而言，如果只是将孩子培养成知识库与解题机，那么我们跟人工智能这种基于大数据资料库竞争就完全是一种错误。

很显然，接受 ChatGPT 并且在教学中让其成为学生知识获取的辅助工具，这能在最大的程度上解放教师的填鸭式与照本宣科式的教学工作量，而让老师有更多的时间思考如何进行启发式与创新思维的培养。

人工智能时代，我们与机器竞争的并不是我们的知识与考试能力，也不是我们制造与产品的组装能力，而是我们人类独有的特性，即我们与人工智能的区别，我们与人工智能的竞争优势就在于通过教育来进一步发挥我们人类独有的创新力、想象力、创造力、同理心与学习力。

面对人工智能时代，如果我们继续抱着标准化试题、标准化答案的方式进行教育训练，我们就会成为第一次工业革命时代的那群马车夫。

3.2.2 人工智能会代替老师吗

人工智能对于教育领域的冲击，也让"教师会被人工智能取代吗"这个问题成为社会热议的问题，甚至登上微博的热搜。

其实这个问题要两面看，关键取决于我们对教师的定义。尤其是在人工智能时代，当知识的获取不再是一件困难与稀缺的事情，那么传统知识灌输型的教学方式，只是教授知识性的、照本宣科式的内容，这类教学工作被人工智能取代是正常且必然到来的事情。就单一知识灌输型层面而言，在相关的知识面与教授方法方面，人工智能通过最优的数据训练，可以比大部分的教师做得更好。

更重要的是，人工智能不仅教得好，学得也好。中国学生是全世界公认的最会考试的学生。这也是学生、老师、家长三方用绝对时间的投入所换来的。中国学生掌握的知识量大、面广，基础知识扎实，这在过去算得上是优势，但面对以 ChatGPT 为代表的新一轮人工智能热潮，这一优势却显得越发尴尬。

原国务院参事、清华大学经济管理学院院长钱颖一在 2017 年就指出：中国教育的最大问题，是我们对教育从认知到实践都存在一种系统性的偏差，即我们把教育等同于知识，并局限在知识上。知识就几乎成了教育的全部内容。他提出了担忧："一个很可能发生的情况是：未来的人工智能会让我们的教育制度下培养学生的优势荡然无存。"而现在，就是这个优势正在消失的尴尬时点。今天，所谓知识全面性的优势将轻松被 ChatGPT 替代，ChatGPT 不仅会写作文，做算术题，回答论述题，更可怕的是，它是一个快速学习与进化中的数字大脑。

但如果我们将教师的工作重新进行定义，侧重于教授启发式，以培养与挖掘人类特有的想象力、创造力、灵感等方面为主要的教学工作，那么人工智能就相对比较难取代。在人工智能时代，我们与机器的竞争一定不是在知识层面，而是在我们人类独有的想象力、创造力与创新力层面。

换言之，我们当下的教育真正要做的是围绕着我们人类独有的那些特性，就是人类的创造力、想象力、灵感，只有发挥人类这些独有的特性，才能让我们在人工智能时代让人工智能成为人类实现梦想的助手，而不是让人类成为人工智能训练下的助手。因此，人工智能是否取代教师的讨论没有实质性意义，关键还在于我们人类自身的选择。而人工智能时代的到来，也让我们看到了当前中国教育改革的急迫性。

3.2.3 学术界的 AI 风波

除了影响传统的教育领域外，以 ChatGPT 为代表的人工智能热潮还波及了研究和学术领域。

国际顶刊《自然》连发两篇文章讨论 ChatGPT 及生成式 AI 对于学术领域的影响。《自然》表示，由于任何作者都承担着对所发表作品的责任，而人工智能工具无法做到这点，因此任何人工智能工具都不会被接受为研究论文的署名作者。文章同时指出，如果研究人员使用了有关程序，应该在方法或致谢部分加以说明。

《科学》则直接禁止投稿使用 ChatGPT 生成文本。2023 年 1 月 26 日，《科学》通过社论宣布，正在更新编辑规则，强调不能在作品中使用由 ChatGPT（或任何其他人工智能工具）所生成的文本、数字、图像或图形。社论特别强调，人工智能程序不能成为作者。如有违反，将构成科学不端行为。

但趋势已摆在眼前，一个不可否认的事实是，AI 确实能提升学术圈的效率。

一方面，ChatGPT 可以提高学术研究基础资料的检索和整合效率，比如一些审查工作，AI 可以快速搞定，而研究人员就能更加专注于实验本身。事实上，ChatGPT 已经成为许多学者的数字助手，计算生物学家凯西·格林（Casey Greene）等人，就用 ChatGPT 来修改论文。5 分钟，ChatGPT 就能审查完一份手稿，甚至连参考文献部分的问题也能发现。神经生物学家阿尔米拉·奥斯曼诺维奇·图恩斯特罗姆（Almira Osmanovic Thunström）觉得，语言大模型可以被用来帮学者们写经费申请，科学家们能节省出更多时间。另一方面，ChatGPT 在现阶段仅能做有限的信息整合和写作，但无法代替深度、原创性的研究。因此，ChatGPT 可以反向激励学术研究者开展更有深度的研究。

面对 ChatGPT 在学术领域发起的冲击，我们不得不承认的一个事实是，在人类世界当中，有很多工作是无效的。比如，当我们无法辨别文章是机器写的还是人写的时候，说明这些文章已经没有存在的价值了。而现在，ChatGPT 正是推动学术界进行改变创新的推动力，ChatGPT 能够瓦解那些形式主义的文本，包括各种报告、大多数的论文，人类也能够借 ChatGPT 创造出真正有价值和贡献的研究。

展望未来，人工智能或将进一步引发学术界的变革，促使研究人员投入更多的时间进行真正的有创造性、探索性、思想性、建设性的学术研究，而不是格式论文的搬抄写作。

3.3　人工智能在科研

人工智能技术正在席卷各行各业，为人类的生产生活带来了翻天覆地的变化，就连科研领域也不例外。显然，科学的发展是一个不断猜想、不断检验的过程。在科学研究中，研究者需要先提出假设，再根据这个假设去构造实验、搜集数据，并通过实验来对假设进行检验。在这个过程中，研究者需要进行大量的计算、模拟和证明。几乎在每一个步骤中，人工智能都有很大的用武之地。

3.3.1　来自人工智能的生物学革命

对于生物学家来说，蛋白质结构的解析从来都是一个困难的问题。

人体和其他生物体内的蛋白质，都由多种氨基酸构成。作为生命体最重要的功能载体之一，蛋白质在众多生命活动中发挥着关键的作用。但蛋白质在行使功能时往往需要折叠成特定的三维结构——氨基酸排成一条长链，被放入水里，会在 1 秒内折叠成稳定的三维结构。这就是生命进化的神奇之处，在这么短的时间内，数千个氨基酸组成的长链能自发地折叠成一个稳定结构。

蛋白质折叠的神奇之处也是生命的神秘之处，只有蛋白质折叠形成正确的三维空间结构才可能具有正常的生物学功能，如果这些生物大分子的折叠在体内发生了故障，形成了错误的空间结构，不但会丧失其生物学功能，还会导致一系列严重疾病的发生。

细胞作为生命体的基本单位，每个活细胞执行功能的背后，都有大量的通过特殊途径折叠的蛋白质在执行着非常专一的任务，但是如果此生物功能的源头出现了错误就会引起麻烦，比如细胞的死亡带来神经变性疾病，或者癌细胞不受控制的生长。因此，了解如何防止蛋白质的错误折叠，以及如何拯救错误折叠的蛋白质就成了生物学领域非常重要的研究课题。

然而，在过去，虽然科学家们也清楚蛋白质对于人体生理功能的重要性，但由于一个蛋白质折叠的可能性太过庞大，一个只有 100 个氨基酸的蛋白质，已经是一个非常小的蛋白质了，但就是这么小的蛋白质，可以产生的可能形状的种类依然是一个天文数字。因此，一直以来，科学家对于蛋白质结构的研究进展都非常缓慢。

对蛋白质结构的解析最大的困难，其实就在于庞大的计算量，而这恰巧是人工智能所擅长的。

如前文所述，2020 年，DeepMind 发布了 AlphaFold 软件的第二个版本。相较于第二个版本，2018 年的版本并不够好，不能取代使用实验方法解析的结构，而 AlphaFold2 的预测结果平均而言已与实验结果相差无几。AlphaFold2 再一次在 CASP 大赛上一举夺魁。正是在 AlphaFold2 的助力下，哈佛大学吴皓实验室的彼得罗·丰塔纳（Pietro Fontana）团队在 2022 年攻克了破解渐冻症的关键——核孔蛋白这一天文级难题。丰塔纳的研究团队取得了关键性的进展：他们不仅成功预测出了之前没有被探究清楚的一批核孔蛋白的结构，还首次绘制出了核孔复合体的胞质环的模型图。这一生物信息学领域的突破，为攻克像渐冻症等罕见、难治的神经退行性疾病，点亮了希望。

更重要的是，人工智能在生物学领域的成功，让生物学家们真正认可了科技对于科研的意义——EMBL-EBI 的计算生物学家珍妮·特桑顿（Janet Thornton）认为 AlphaFold 带来的最大转变之一，可能是让生物学家更愿意接受计算机和理论的研究方法。换言之，真正的变革是人们思维方式的变化，这其实就是人工智能工具的最佳用法。

3.3.2 对特定领域的深度探索

在科学研究的过程中，通常需要进行大量的计算和模拟工作。

举例来说，台风轨迹的预测就是一件计算量需求非常高的工作。传统上，科学家主要是依靠动力系统模型来进行预测。这种方法会根据流体动力学和热力学等物理定律来构造大量的微分方程，用它们来模拟大气的运动，进而对台风的走向进行预测。显然，这个动力系统是非常复杂的，不仅预测所需要的计算量非常大，而且非常容易受外生扰动因素的影响。正是因为这一点，即使世界各国动用了最先进的超级计算机，预测也经常出错。

近几年，科学家调整了预测的思路，开始尝试使用人工智能模型预测台风，由此涌现了一大批相关的人工智能模型。这类模型放弃了传统物理模型的预测思路，转而用机器学习的方法进行预测，不仅大幅降低了计算负担，而且有效提升了预测精度。比如，"风乌"模型在一个单 GPU 的计算机上就可以运行，并且仅需 30 秒即可生成未来 10 天全球高精度预报结果。

当前，人工智能精确的计算和模拟能力已在化学合成、材料科学和能源等特定领域得到了科研人员的认可和应用，并成为协助科研的一个强力工具。

在化学合成领域，科研人员利用美国专利数据库和 Reaxys 数据库中的反应数据训练了一个人工智能算法，该算法能够为给定分子提供合成路线和反应条件，并评估不同路径的优劣。同时，他们还开发了一个开源软件，该软件通过学习应用逆合成转化，确定合适的反应条件，并评估反应。这个软件利用了数百万个反应的训练数据，从中归纳出了可靠的规则。通过神经网络模型，该算法能够预测出最适合目标分子的规则，成功用于 15 个化学小分子药物的合成路线设计和自动化合成。科研人员的最终目标是使用这些规则将目标化合物追溯到容易获得且廉价的小分子。这种人工智能小模型的应用为化学合成提供了自动化和智能化的解决方案。在材料科学领域亦是如此，牛津大学团队开发了一种利用在精确的量子力学计算上训练的原子机器学习方法，对包含十纳米长度尺度硅原子系统的液体—非晶态和非晶态—非晶态转变过程进行了研究，同时预测了其结构、稳定性和电子性质。该方法成功地描述和解释了与实验观察一致的非晶硅的全部相变过程，直至达到结晶，为科学家理解和控制材料相变过程提供了新的工具和方法。在能源领域，人工智能小模型的应用也可以提高能源利用效率、优化能源供应和管理，从而实现可持续发展和能源安全。

3.3.3 科研领域的生产力

人工智能的力量不容小觑，除了在计算方面发挥优势，随着以 ChatGPT 为代表的生成式人工智能工具的爆发，人工智能更是成为直接的生产力，不仅可以直接设计机器人，甚至还可以完成芯片设计。

2023 年 10 月，美国西北大学的研究人员首次开发出一种可以完全自行设计机器人的人工智能算法。当该团队向人工智能程序发出提示：设计一个可以在平坦表面上行走的机器人。不到 30 秒，该人工智能程序就设计出了一个成功行走的机器人。为了验证计算机中模拟的系统在实践中是否有效，研究人员通过 3D 打印设计的模具并填充硅胶，最终在 AI 系统的驱动下，得到了一个虽然有些笨拙，但是能以"大约是人类平均步幅的一半"的速度开始行走的机器人。

传统机器人设计通常需要耗费大量的时间、资源和人力，其中包括设计、制造和测试等阶段。这个过程可能需要数月甚至数年才能完成。但人工智能设计机器人只需要在计算机模拟环境中生成新的机器人设计，而无须物理原型。这一方面极大降低了科研领域的研究成本，科研人员可以更快地进行实验和验证新的想法。另一方面也让我们看到人工智能为科研领域带来的灵活性、速度和效率，这对于解决复杂的科学问题和推动科研创新具有深远的影响。

除了利用人工智能设计机器人，纽约大学坦登工程学院的研究人员还通过与人工智能的"对话"，直接设计出了一款微处理器芯片。要知道，一直以来芯片产业就被认为是门槛高、投入大、技术含量极高的领域。在没有专业知识的情况下，人们是无法参与芯片设计的，但人工智能的出现改变了一切。

当前，科学家仍在积极探索各类新型的人工智能工具在科研上的应用前景，从药物筛选、材料研发到机器人开发、设计芯片，从微观体系到宏观预测，这些领域的各个难题正在被人工智能逐步解决。在人工智能的推动下，下一个科学大爆发的时代，已经不再遥远。

3.4 人工智能在法院

随着人工智能技术的发展，把人工智能技术应用到法律行业是必然趋势。尤其是进入 2023 年，ChatGPT 正与现实场景的应用紧密结合，对各行各业产生了巨大的冲击和影响。即便是法律这种人类社会的塔尖职业，也经历了ChatGPT 的冲击，当前，ChatGPT 对律师执业以及法官司法的影响正在徐徐展开。可以说，一场法律界的技术革新正在到来。

3.4.1 成为律师助理

一直以来，律师都被认为属于社会中的"精英"职业，具有较强的专业性，且处理的案件和问题也较为复杂。并且，律师所参与的诉讼过程可能会影响法庭的判罚结果，这就导致律师在法律案件中的作用显得尤为重要。

但就是在这样的"精英"、专业和重要背后，律师往往也面临着繁杂的工作与沉重的压力。正如网络流传所言"律师这个职业，就是拿时间换钱"——996 的节奏，不只是程序员的常态，律师同样如此。

律师通常分诉讼律师和非诉律师。简单来说，诉讼律师就是接受当事人的委托帮其打官司，而除了在法庭辩护，诉讼律师的前期工作内容还包括阅读卷宗、撰写诉状、搜集证据、研究法律资料等。一些大案件的卷宗可能达到几十上百个。非诉律师则基本不出庭，负责核查各种资料，进行各种文书修改，工作成果就是各种文案和法律意见书、协议书。可以说，不论是诉讼律师，还是非诉律师，其很大一部分时间都是伏案工作，与海量的文件、资料、合同打交道。而法律的严谨性，同时要求律师们不得有半点疏忽。但就是这种大同小异的工作模式、重复的机械式工作，却是人工智能的对口优势。

AI 和法律的结合，最早可以追溯到 20 世纪 80 年代中期起步的专家系统。专家系统在法律中的第一次实际应用，是沃特曼（D.A. Waterman）和皮特森（M. Peterson）1981 年开发的法律判决辅助系统（Legal Decision-making System，LDS）。当时，研究人员将其当作法律适用的实践工具，对美国民法制度的某个方面进行检测，运用严格责任、相对疏忽和损害赔偿等模型，计算出责任案件的赔偿价值，成功将 AI 的发展带入了法律的行业。

自此，法律专家系统在法规和判例的辅助检索方面开始发挥重要作用，解放了律师一部分脑力劳动。显然，浩如烟海的案卷如果没有计算机编纂、分类、查询，将耗费律师们大量的精力和时间。并且，由于人脑的认识和记忆能力有限，还存在着检索不全面、记忆不准确的问题。AI 法律系统却拥有强大的记忆和检索功能，可以弥补人类能力的某些局限性，帮助律师和法官从事相对简单的法律检索工作，从而极大地解放律师和法官的脑力劳动，使其能够集中精力从事更加复杂的法律推理活动。

在法律咨询方面，早在 2016 年，首个机器人律师 Ross 已经实现了对于客户提出的法律问题立即给出相应的回答，为客户提供个性化的服务。Ross 解决问题的思路和执业律师通常回答法律问题的思路相一致，即先对问题本身进行理解，拆解成法律问题；进行法律检索，在法律条文和相关案例中找出与问题相关的材料；最后总结知识和经验回答问题，提出解决方案。与人类律师相区别的是，人类律师往往需要花费大量的精力和时间寻找相应的条文和案例，而人工智能咨询系统只要在较短时间内就可以完成。

在合同起草和审核服务方面，AI 能够通过对海量真实合同的学习而掌握生成高度精细复杂并适合具体情境的合同的能力，这种能力可以根据不同的情境将合同的条款进行组装，同时为当事人提供基本合同和法律文书的起草服务。以买卖合同为例，只要回答人工智能程序的一系列问题，如标的物、价款、交付地点、方式以及风险转移等，一份完整的买卖合同初稿就会被人工智能"组装"完成，它起草的合同甚至可能胜于许多有经验的法律顾问。

AI 走进法律行业已经是板上钉钉的现实，而 ChatGPT 的出现，则让人们再一次感慨于 AI 技术的快速发展，现在 ChatGPT 甚至已经通过了司法考试，AI 律师已经指日可待。

具体来看，美国大多数州统一的司法考试（UBE）有三个组成部分：选择题（多州律师考试，MBE）、作文（MEE）、情景表现（MPT）。选择题部分，由来自 8 个类别的 200 道题组成，通常占整个律师考试分数的 50%。基于此，研究人员对 OpenAI 的 text-davinci-003 模型（通常被称为 GPT-3.5，ChatGPT 正是 GPT-3.5 面向公众的聊天机器人版本）在 MBE 的表现进行评估。

为了测试实际效果，研究人员购买了官方组织提供的标准考试准备材料，包括练习题和模拟考试。每个问题的正文都是自动提取的，其中有四个多选选项，并与答案分开存储，答案仅由每个问题的正确字母答案组成，也没有对正确和错误的答案进行解释。随后，研究人员分别对 GPT-3.5 进行了提示工程、超参数优化以及微调的尝试。结果发现，超参数优化和提示工程对 GPT-3.5 的成绩表现有积极影响，而微调则没有效果。最终，ChatGPT 在完整的 MBE 练习考试中达到了 50.3% 的平均正确率，大大超过了 25% 的基线猜测率，并且在证据和侵权行为两个类型都达到了平均通过率。尤其是证据类别，与人类水平持平，保持着 63% 的准确率。在所有类别中，GPT 平均落后于人类应试者约 17%。在证据、侵权行为和民事诉讼的类型中，这一差距可以忽略不计或只有个位数。但总的来说，这一结果都大大超出了研究人员的预期。这也证实了 ChatGPT 对法律领域的一般理解，而非随机猜测。不仅如此，在佛罗里达农工大学法学院的入学考试中，ChatGPT 也取得了 149 分，排名在前 40%。其中阅读理解类题目表现最好。

可以说，当前 ChatGPT 虽然并不能完全取代人类律师，以 ChatGPT 为代表的 AI 正在快速进军法律行业。伴随着 ChatGPT 被持续性地喂养大量的法律行业的专业数据，针对简要的法律服务工作，ChatGPT 将完全可以应对自如。

如果律师需要检索案例或法条，只需要将关键词输入 ChatGPT，就可以立马获得想要的法条和案例；对于基础合同的审查，可以让 ChatGPT 提出初步意见，律师再进一步细化和修改；如果需要进行案件中的金额计算，比如交通事故、人身损害的赔偿，ChatGPT 也可以迅速给出数据；此外，对于需要校对和翻译文本、文件分类、制作可视化图表、撰写简要的格式化文书，ChatGPT 也可以轻松胜任。

在法律领域，ChatGPT 完全可以演化成"智能律师助手"，帮助律师分析大量的法律文件和案例，提供智能化的法律建议和指导；可以变成"法律问答机器人"，回答法律问题并提供相关的法律信息和建议。ChatGPT 还可以完成合同审核、辅助诉讼、分析法律数据等工作，提高法律工作者的效率和准确性。

3.4.2 助力司法审判

对于司法审判环节来说，人工智能最大的意义，就是为公平做了一份妥帖的技术保障。基于对司法全流程的录音、录像，人工智能将有效实现对司法权力的全程智能监控，减少司法的任意性，减少司法腐败、权力寻租的现象。甚至在执法过程，包括审讯、庭审环节，人工智能可以全程介入对司法人员的审理过程，起到合规的监督、提醒作用。

通过深度学习，人工智能可以在非常短的时间内学习各种法律法规以及过往代表性的公平、公正的审判案例，并且按照法律规则与程序进行证据的甄别与筛选，然后按照设定的法律规则与证据规则进行审理、裁决。

具体来看，包括人工智能在内的新信息技术在重塑司法系统的方式上主要有三种表现。在最基本的层次上，技术可以对参与司法系统的人们提供信息、支持和建议，即支持性技术。在第二层次上，技术可以取代原本由人类执行的职能和活动，即替代性技术。在第三层次上，技术可以改变司法人员的工作方式并提供截然不同的司法形式，也就是所谓的颠覆性技术，尤其体现在程序显著变化和预测分析可以重塑裁判角色的地方。

其中，第一层次的支持性创新技术，使得人们能够在网络上寻求司法服务，并通过网络的信息系统获取有关司法流程、选择和替代方案（包括法律替代方案）的信息，甚至包括案件的模拟推演与分析。事实上，人们的确越来越多地在网上寻找并获得法律支持和服务，近年来，可提供"非捆绑式"法律服务的线上律师事务所的增长十分显著。

第二层次的替代性技术，是指一些视频会议、电话会议和电子邮件可以补充、支持和代替许多面对面的现场会议。在这个层面，技术能够支持司法，甚至在一些情况下，可以改变法院举办听证会的环境。比如，线上法院程序已经越来越多地被运用于特定类型的纠纷和与刑事司法有关的事项。而人工智能法官甚至可以直接主持与完成相关的听证会，或者是一般程序的在线审理。

而人工智能与司法的结合则是打开了第三层次的改变和颠覆。在数据库建立的背景下，人工智能可以通过应用自然语言处理、知识图谱等人工智能技术，对案件的事实进行认定。并通过神经网络提取案件的信息，构建模型，运用搜索功能，在大量的数据库中找到相类似的案件进行自动的推送。

比如，上海法院的 206 系统，就能够通过对犯罪主体、犯罪行为、犯罪人的主观因素、案件事实、案件争议焦点、证据等要素形成机器学习的样本，为司法人员进行案例推送，进而为法官提供审判参考。该系统还可以把多个数据进行整合，从不同角度分析案件的事实，再进行法律的选择，从而实现从立案到庭审整个环节都有智能机器的辅助。另外，案件审判辅助系统还可通过学习大量案件，学会提取、校验证据信息并进行案件判决结果预测，为法官的判决提供参考。

在这样的背景下，人工智能可以多方面地为法官提供支持。在墨西哥，人工智能已经能够进行较简单的行政决策。此前，墨西哥专家系统目前在"确定原告是否有资格领取养老金"时，就为法官提供了建议。

显然，对于当前来说，更重要的问题已经从技术是否将重塑司法职能，变成技术会在何时、何种程度上重塑司法职能。时下，人工智能技术正在重塑诉讼事务，法院的工作方式也会发生巨大变化。在不久的未来，更多法院将会继续建设和拓展在线平台和系统，以支持归档、转送以及其他活动。包括基于数字虚拟人技术的数字虚拟法官的介入，这些变化则进一步为人工智能司法的成长提供了框架。

可以看见，AI 技术正在深刻影响着法律行业的未来走向。

当普通法律服务能够被人工智能所替代时，相应定位的律师就会慢慢退出市场，这必然会对一部分律师的存在价值和功能定位造成冲击。显然，与人类律师相比，AI 律师的工作更为高速有效，而它所要付出的劳动成本却较少，因此，它的收费标准或将相对降低。

随着 ChatGPT 的介入，法律服务市场的供求信息更加透明，在线法律服务产品的运作过程、收费标准等更加开放，换言之，AI 在提供法律服务时所具有的便捷性、透明性、可操控性等特征，将会成为吸引客户的优势。在这样的情况下，律师的业务拓展机会、个人成长速度、专业护城河的构建都会受到非常大的影响。要知道，传统的律师服务业是一个"以人为本"的行业，服务主体和服务对象是以人为主体。当 AI 在律师服务中主导一些简单案件的决策时，律师服务市场将会形成服务主体多元化的现象，人类律师的工作和功能将被重新定义和评价，法律服务市场的商业模式也会发生改变。

法律寻求的是独立的公平、公正，而这种基于规则的公平、公正正是人工智能的强项。对于司法这样一个规则性与标准性非常清晰的领域，未来基于人工智能的司法体系将会更加有效的保障法治的公平、公正，人工智能法官在不久的将来将会成为可能。

3.5 人工智能在金融

金融科技的发展离不开底层技术的发展，而人工智能作为新一轮科技革命和产业变革的重要驱动力量，在金融科技化的过程中发挥着无可替代的作用。可以说，人工智能与金融业深度融合是金融科技大方向所指，用机器替代和超越人类部分经营管理经验与能力也将引领未来的金融模式变革。

3.5.1 AI 闯入金融圈

人工智能与金融行业具有天然的耦合性，而人工智能在金融行业的应用也并不是一件新鲜事。

中国信通院发布的《金融人工智能研究报告（2022 年）》中写道，目前人工智能技术在金融产品设计、市场营销、风险控制、客户服务和其他支持性活动等金融行业五大业务链环节均有渗透，已经全面覆盖了主流业务场景。典型的场景有智能营销、智能身份识别、智能客服等。解决行业痛点的同时，人工智能在获取增量业务、降低风险成本、改善运营成本、提升客户满意度均进入价值创造阶段。

具体来看，在前台应用场景里，人工智能正在朝着改变金融服务企业获取和维系客户的方式前进，比如智能营销、智能客服，智能投顾等。其中，智能投顾就是运用人工智能算法，根据投资者风险偏好、财务状况和收益目标，结合现代投资组合理论等金融模型，为用户自动生成个性化的资产配置建议，并对组合实现持续跟踪和动态再平衡调整。相较于传统的人工投资顾问服务，智能投顾具有独特的优势：一是能够提供高效便捷的广泛投资咨询服务；二是具有低投资门槛、低费率和高透明度；三是可以克服投资主观情绪化，实现高度的投资客观化和分散化；四是提供个性化财富管理服务和丰富的定制化场景。

当然，对于投资领域而言，更准确、更快速、更真实的数据信息就是最大的价值，这正是 ChatGPT 的优势所在。比如对于股票的投资而言，ChatGPT 可以抓取相关的各种新闻，以及实时监测资金的流动，并且能够结合金融投资者领域的各种技术分析，给出一个相对客观的分析建议。这种投资者建议比人类投顾更客观、实时、全面。

人工智能在金融投资领域不仅仅适用于前台工作，它还为中台和后台提供了令人兴奋的变化。

其中，智能投资初具盈利能力，发展潜力巨大。一些公司运用人工智能技术不断优化算法、增强算力、实现更加精准的投资预测，提高收益、降低尾部风险。通过组合优化，在实盘中取得了显著的超额收益，未来智能投资的发展潜力巨大。

智能信用评估则具有线上实时运行、系统自动判断、审核周期短的优势，为小微信贷提供了更高效的服务模式，已经在一些互联网银行中应用广泛。

智能风控则落地于银行企业信贷，互联网金融助贷，消费金融场景的信用评审、风险定价和催收环节，为金融行业提供了一种基于线上业务的新型风控模式。

尽管人工智能在金融业的应用整体仍处于"浅应用"的初级发展阶段，以对流程性、重复性的任务实施智能化改造为主，但人工智能技术应用在金融业务外围向核心渗透的阶段，其发展潜力已经彰显，人工智能技术的进步必然在未来带来客户金融生活的完全自动化。

3.5.2 为智能金融添一把火

ChatGPT 的出现，为人工智能在金融行业的应用添加一把火。ChatGPT 能非常好地模拟人类聊天行为，其能力在理解和交互方面表现也更强，这推动着金融机构朝着人性化的服务更进一步。

一方面，ChatGPT 可以自动生成自然语言的回复，满足客户的个性化咨询需求。通过语义分析识别客户情绪，以更好地了解客户需求和提供更好的服务，从而大大提升智能客服的准确率和满意度，增强品牌形象。另一方面，ChatGPT 可协助金融机构形成企业级的智能客户服务能力。通常来说，B 端用户往往专业门槛高、业务场景复杂，在这样的情况下，ChatGPT 有望利用深度学习技术提升 B 端用户的服务效率和专业度。

此外，ChatGPT 在金融行业的应用可以大大提高工作效率，并带来业务变革。ChatGPT 可以帮助金融机构从海量数据中快速提取有价值的关键信息，例如行业趋势、财务数据、舆情走向等，并将其转化为可读的自然语言文本，如行业研究报告、风险分析报告等，大大节省人力成本。

比如，财通证券就已经用 ChatGPT 尝试撰写了券商研报《提高外在美，增强内在自信——医疗美容革命》，研报全文总共超过 6000 字，内容包括医美行业简介、全球医疗美容市场概述、轻医美的崛起、医美在我国的崛起、全球医美行业主要参与者、ChatGPT 对于中国和全球医美市场的看法等部分。这些极耗人力的研报撰写，对于 ChatGPT 而言，几乎是轻而易举的事情。这份研报在业内刷屏后不久，招商银行又在微信发布了一篇名为《亲情信用卡温暖上市，ChatGPT 首次诠释"人生逆旅，亲情无价"》的推文，意在尝试与 ChatGPT 搭档生产宣传稿件，这也是金融行业与 ChatGPT 合作的首次尝试。

甚至在保险领域，人工智能可以基于精算模型，结合用户的开车习惯个性化的生成投保的报价，也可以给用户生成投保的建议书。而对于健康方面的保险也是如此，人工智能可以结合个人的医疗数据，推算出相应的风险以及对应的保费。当然，也可以给用户生成相应的投保建议书，让用户可以有更加明确的投保需求，以寻找不同的保险公司进行比较。

这也让我们看到了 ChatGPT 在金融行业具有的广阔应用前景，或许很快，金融行业就将迎来一轮全新的智能变革。

3.6　人工智能在交通

在人工智能时代以前，交通工具的发展经历了几大阶段。从最原始的人的双脚，到被人类驯化的马、驴以及马车、牛车等，同时，轿子与畜力工具长期并存。再往后，随着蒸汽机出现，汽车、火车代替了原始的交通工具。

人工智能的发展，使得与汽车相关的智慧出行生态价值正在被重新定义，出行的三大元素"人""车""路"被赋予类人的决策、行为，整个出行生态也会发生巨大的改变。强大的算力与海量的高价值数据成为构成多维度协同出行生态的核心力量。随着人工智能技术在交通领域的应用朝着智能化、电动化和共享化的方向发展，以自动驾驶为核心的智能交通产业链正在逐步形成。

3.6.1 自动驾驶走向落地

自动驾驶汽车也被称为无人驾驶汽车。时间重回 1925 年 8 月，人类历史上第一辆无人驾驶汽车正式亮相。这辆名为美国奇迹（American Wonder）的汽车驾驶座上确实没有人，方向盘、离合器、制动器等部件也是"随机应变"的。而在车后，工程师弗朗西斯·霍迪尼（Francis Houdina）坐在另一辆车上靠发射无线电波操控前车。他们穿过纽约拥挤的交通，从百老汇一直开到第五大道。不过，这场带着对无人驾驶车机械化的理解，几乎可以被看作是"超大型遥控"的实验，在今天依旧不被业界普遍承认。

1939 年，纽约世博会上展出了世界上第一辆自动驾驶概念车——Futurama（未来世界），这是通用汽车公司研发的一种由无线电控制的电磁场引导的电动汽车。在通用公司的设计方案中，电磁场由嵌入道路的磁化金属尖刺产生，变化的电磁场产生电流，进一步引导电动汽车的行驶。Futurama 在纽约世博会上的精彩展出，让观展者叹为观止的同时，也让自动驾驶概念在世界范围内广泛传播，深入人心。

一年后，设计师诺曼·贝尔·格迪斯（Norman Bel Geddes）在自己出版的《神奇的高速公路》（*Magic Motorways*）一书中表示：人类应该从驾驶中脱离出来。美国高速公路都会配有类似火车轨的东西，为汽车提供自动驾驶系统。汽车开上高速后就会按照一定的轨迹和程序行进，驶出高速后再恢复到人类驾驶，对这一设想，他给出的时间表是 1960 年。然而，理想丰满，现实骨感，20 世纪 50 年代，当研究人员开始按照设想进行实验，才意识到困难。但在这之后，实现无人驾驶的技术探索在各处展开。

1966 年，智能导航第一次出现在美国斯坦福大学研究所里，SRI 人工智能研究中心研发的 Shakey 是一个有车轮结构的机器人。在它身上，内置了传感器和软件系统，开创了自动导航功能的先河。

1977 年，日本筑波机械工程实验室将通用汽车公司采用的脉冲信号控制方案加以改进升级，创新性地设计了一款能够用来处理道路图像的摄像系统。在这套系统的加持下，一辆能够以每小时 30 公里的速度跟随白色路标的自动驾驶乘用车横空出世。尽管这辆汽车的横向控制仍需要钢轨辅助，但其意义重大，被认为是现代意义上的第一辆自动驾驶乘用车。

1989 年，美国卡内基梅隆大学率先使用神经网络来引导自动驾驶汽车，虽然那辆行驶在匹兹堡的翻新军用急救车的服务器有冰箱这么大，且运算能力只有 Apple Watch 的十分之一。但从原理上来看，这项技术已经很接近今天的无人车控制策略。

和全球的发展节奏相近，从 20 世纪 80 年代起，中国也开始了针对智能移动装置的研究，起始项目同样源于军用。1980 年国家立项了"遥控驾驶的防核化侦察车"项目，哈尔滨工业大学、沈阳自动化研究所和国防科技大学三家单位参与了该项目的研究制造。在科研工作者的不断攻关下，国防科学技术大学于 1987 年研制出中国第一辆自动驾驶的原型车，虽然原型车在外观上与其他普通汽车并无太大差别，但是具备了一定的基本自动驾驶功能，也代表了中国高校在自动驾驶技术上的一次突破。1988 年，作为国家"863 计划"中的重点任务之一，清华大学开始 THMR 系列自动驾驶汽车研发工作，其中研发的 THMR–V 型汽车能够实现结构化环境下的车道线自动跟踪。

2004 年，美国国防高级研究计划署（DARPA）发起 DARPA 无人驾驶挑战赛，以激励众多顶尖人才投入到自动驾驶汽车研发上来，这也是世界上第一个自动驾驶汽车长距离比赛。各参赛选手在挑战赛中大显身手，脑洞大开，提出了诸多极具新意的自动驾驶解决方案。该挑战赛一直持续到 2007 年，共举办了三届，期间涌现出了大批自动驾驶技术相关的人才。

2009 年，谷歌开始了自动驾驶研发，他们招揽了 DARPA 挑战赛的很多重要参与者，包括斯坦福的大量人才，同时不依赖摄像头视觉的传统也在谷歌的自动驾驶汽车上得到了延续。

2012 年，KITTI 数据集发布，使得自动驾驶技术进一步成熟，推动了自动驾驶视觉深度学习的研发。KITTI 数据集涵盖了 GPS-RTK 惯性导航系统、立体摄像头、激光雷达的传感数据。GPS-RTK 惯性导航系统和激光雷达可以通过建立地面真实数据集，评估视觉算法的具体性能表现。KITTI 的数据集能够提供大量真实场景的数据，使得度量更加精准，并对测试算法的性能表现进行进一步的准确评估。KITTI 数据集的发布，也让深度神经网络重新回归自动驾驶的版图，视觉方案的经济性也开始得到前所未有的重视。计算机视觉和机器学习迅速探索着这项技术的边界，并不断得到新的突破。

可以看到，自动驾驶汽车的落地，是一个漫长的过程。几乎跨越了一个世纪，集合了包括人工智能在内的多项前沿技术，自动驾驶才有了走向商业化的今天。

3.6.2 自动驾驶进入 2.0 时代

在对自动驾驶汽车的描述上，国际汽车工程学会（Society of Antomatic Engineers，SAE）制定的六个等级分别是非自动化、辅助驾驶、半自动化、有条件自动化、高度自动化和全自动化。

L0 被称为"非自动化"（No Driving Automation），是驾驶员具有绝对控制权的阶段。

L1 被称为"辅助驾驶"（Driver Assistance），在 L1 阶段，系统在同一时间至多拥有"部分控制权"，要么控制转向，要么控制油门或刹车。当出现紧急情况突发时，司机需要随时做好立即接替控制的准备，同时需要对周围环境进行监控。

L2 被称为"半自动化驾驶"（Partial Driving Automation）。与 L1 不同，L2 阶段转移给系统的控制权从"部分"变为"全部"，也就是说，在普通驾驶环境下，驾驶员可以将横向和纵向的控制权同时转交给系统，并且需要对周围环境进行监控。

L3 被称为"有条件自动化"（Conditional Driving Automation），是指系统完成大多数的驾驶操作，仅当紧急情况发生时，驾驶员视情况给出适当应答的阶段。此时，系统接替人类，对周围环境进行监控。

L4 被称为"高度自动化"（High Driving Automation），是指自动驾驶系统在驾驶员不出做"应答"的条件下，也可以完成所有驾驶操作的阶段。但是，此时系统仅支持部分驾驶模式，并不能适应于全部场景。

L5 被称为"全自动化"（Full Driving Automation），与 L0、L1、L2、L3、L4 最主要的区别在于，系统能够支持所有的驾驶模式。在这一阶段中，可能将不再允许驾驶员成为控制主体。

从技术的发展来看，目前国内外的智慧驾驶技术多处于 L2 至 L3 的水平。值得一提的是，相较于 L2 自动驾驶，从 L3 自动驾驶开始意味着车辆在该功能开启后，将会完全自行处理行驶过程中的一切问题，包括加减速、超车甚至规避障碍等，也意味着若发生事故，责任认定正式从人变为车。可以说，L3 处于自动驾驶的承上启下的阶段，L3 的自动驾驶技术是自动驾驶技术中区分"有人"和"无人"的一条重要的分割线，是低级别驾驶辅助和高级别高度自动驾驶之间的过渡。

L2 级别自动驾驶中主要还是以人为主体，这一级别的自动驾驶系统仅仅还是辅助。L2 多对应的是目前常见的 ADAS（高级智能驾驶辅助）技术，包括了诸如 ACC（自适应巡航）、AEB（紧急制动刹车）和 LDWS（车道偏离预警系统）的辅助驾驶功能，车辆的驾驶者必须还是驾驶员本人。

而 L3 则真正做到了"无人"，自动驾驶系统完成了绝大部分的驾驶判断与动作。车机系统在特定条件下开车，但遇到紧急情况仍由车主进行决策。其所谓的条件包括几个功能元素：高速公路引导（HWP、0~130km/h）、交通拥堵引导（TJP、0~60km/h）、自动泊车、高精地图和高精定位。

2015 年 10 月，特斯拉推出了自动驾驶辅助系统 Autopilot。特斯拉的 Autopilot 系统是第一个投入商用的驾驶辅助技术。目前，特斯拉的量产车上均已安装 Autopilot 1.0、2.0 或 2.5 硬件系统，其自动驾驶功能可通过空中下载（OTA）进行从 Level 1 到 Level 4+ 的软件升级，为进一步实现完全自动驾驶技术突破进行了充分的软硬件准备。

2016 年处于汽车技术未来发展的风口，自动驾驶已成为众多企业重点关注的领域。2016 年前后，诸多企业加入自动驾驶研发赛道，不仅有东风、吉利、北汽、上汽等传统汽车制造公司，还有百度、腾讯、阿里巴巴这样的互联网巨头，以及滴滴出行等出行服务公司。为了抢占新一轮技术变革的先机，各企业均积极参与自动驾驶技术的研发。

2018 年，全新一代奥迪 A8 进行了全球首秀。新款奥迪 A8 搭载了 L3 级别的自动驾驶系统。奥迪官方将该自动驾驶系统命名为"奥迪 AI 交通拥堵驾驶系统"，并加入了一个"Audi AI"操作按钮来开启自动驾驶功能，它允许车辆在低于时速 60km 的情况下由系统完全接管驾驶，在 L3 系统的加持下，汽车将能够自主完成加速、刹车、转向等驾驶操作。奥迪官方强调，驾驶员将不再需要在这个时候保持对车辆情况的监控，而是可以双手离开方向盘，真正实现车辆在特定场景下的自动驾驶。

事实上，自动驾驶所谓"自动"和"无人"的技术核心，正是人工智能。

但不管是特斯拉也好，奥迪也好，或者是其他自动驾驶企业，目前的自动驾驶依然难以实现完全的自动驾驶，而是停留在 L3 层面，难以达到进一步突破。其中的关键就是汽车的智能系统与人的交互当前还是比较机械的，比如说，前面有一辆车，按照规则，它有可能会无法正确判断什么时候该绕行。这也是为什么会有自动驾驶汽车事故频发的原因。而 2022 年 ChatGPT 的出现，展示了一种训练机器拥有人类思维模式的可能，这样机器就能够学习人的驾驶行为，带领自动驾驶进入"2.0 时代"。

但如何充分借助于 ChatGPT 的技术来推广特斯拉自动驾驶，以及类人机器人项目进行更为有效的训练，以达到商业化的应用，也是自动驾驶车企们面前的一个现实难题。

3.6.3 重新定义智能交通

在自动驾驶走向商业化的同时，"车联网"也在迅速发展，车联网的创新就在于将人工智能与物联网相结合、向驾驶者提供高附加值服务。遍布车身的电子控制模块和传感器，将有助于实现"车车互联"及"车路互联"，在人工智能技术支持下，车辆可以主动建议更改路线，避开道路危险，并在遇到事故时请求援助。很快，汽车将能精准地得知它们与其他车辆的相对位置并且识别潜在的危险，从而事先采取措施以避免事故。这也为创造一个更加便携、高效的共享交通带来了可能。

为了能够顺利到达想去的地方，人类想出了各种解决方案。一个多世纪以来，人类驾驶的燃油私家车替代过去的交通工具成为主要的解决方案。但这种方案也带来了无穷的问题。

以美国为例，如今，在美国有 2.12 亿人持有驾照，拥有 2.52 亿辆汽车，每年行驶 5 万亿千米，消耗燃油超过 7000 亿升。汽车和卡车的二氧化碳排放量占美国温室气体排放量的 20%。即便如此，大多数人依然认为拥有一辆车是现代社会的必备条件。然而事实是，在美国汽车有 95% 的时间都被闲置。也就是说，只有 5% 的时间人们在使用这些私家车，其余 95% 的时间人们必须找一个地方停车。因此人们的家里还需要腾出很大一块地方用作车库和车道，人们工作的地方也必须为这些车预留空间，购物中心、医院、体育场、街道也是如此。

不仅如此，这些车的能效还非常低。汽车加的燃油只有不到 30% 的能量是用于驱动汽车，还有少量能量被用来给车灯、收音机和空调等设备供电，其余的能量都变成热和噪声浪费掉了。常规汽车的能量消耗大约为 1400 千克，而人体的能量消耗约为 70 千克，所以驱动汽车的能量只有约 5% 是用于运送乘客，仅占燃油总能量的 1.5%。

能效之所以这么低，是因为人们购买的汽车的设计性能远超我们大部分时候的需求，谷歌自动驾驶项目慧摩（Waymo）首席执行官约翰·克拉夫西克（John Krafcik）称为"偶尔的使用需求"。在美国，85% 的人出行是坐汽车，平均载客率每车 1.7 人，上下班时的载客率更是低至 1.1 人。城区的平均车速低至每小时 20 千米。正因如此，摩根士丹利金融分析师亚当·乔纳斯（Adam Jonas）称汽车为"世界上利用率最低的资产"，汽车业务为"地球上最应该停止的业务"。这也是为什么普利策获奖记者爱德华·休姆斯（Edward Humes）说"几乎从任何可以想到的方面来看，目前对汽车的配置和使用都是疯狂的"。

然而，自动驾驶和车联网的到来，却让人们能够拥有走向更健康的交通解决方案。试想一下，在不远的将来，大多数人将不再需要拥有或驾驶汽车，而是依靠安全便捷的自动驾驶车辆提供服务，前往想去的地方。出行服务公司将提供全方位的交通服务，人们不用再操心停车、清洁、保养和充电。拥有汽车给人们带来的各种麻烦都将消失。人们不再需要买车、按揭和投保，也不再需要花时间开车、停车或加油，交通也不会再令人头痛。只需点一下手机，人们就可以约车。约来的车辆没有方向盘、油门和刹车踏板，大部分都是舒适的两座电动汽车。所有这些都将大大缩减未来的交通成本，而这个解决方案对地球也更友好。

研究数据显示，到 2024 年，汽车共享市场年增长率将达到 34.8%。其中，自动驾驶汽车的发展正是推动汽车共享的一剂强心针。根据世界经济论坛预测，到 2030 年，42% 的自动驾驶汽车（约占全球车辆总数的 2%~8%）将实现共享；到 2040 年，53% 的自动驾驶汽车将实现共享（占全球车辆总数的 7%~39%）。

交通系统发生变革，城市规划也将随之改变。显然，一个自动驾驶智能城市将不会像今天的城市一样需要那么多停车位，并且能够更好地利用没有停车的区域。经济合作与发展组织的模拟模型显示，在里斯本这样的城市，只要 210 个足球场的土地面积即可满足停车使用。因此，许多现有的车库可以转换成零售设施，对路边停车的需求也将大幅下降。另外，城市必须为机器人出租车提供大规模的接送区域。

在未来的几年里，全球范围内或许将开展一系列试点项目，以展示自动驾驶交通在城市规划方面的优势。其中，一些未来计划已经出现，它们展示了自动驾驶城市的模型，其中街道被多种交通方式的共享空间取代，停车位被公园取代。不再有单独的人行道，废弃物处理系统将安装在地下。新的智慧城市规划方法旨在创造高品质的生活空间，且不牺牲土地使用来满足个人机动化交通的需求。

今天，人们对快速、可靠、方便和个性化出行方案的期望，正随着技术的发展而迅速发展，在自动驾驶趋势之下，人们的出行习惯和行为也正在发生巨大变化，在未来更是远不止于今天的想象。

3.7 人工智能在零售

自 2016 年新零售概念诞生以来，几年时间里，各种项目如雨后春笋般涌现。而新零售行业的诞生，正是基于数字化技术的推动。2022 年以来，ChatGPT 作为当前人工智能技术的巨大突破，对新零售行业表现出了非凡的可想象空间。

3.7.1 新零售背后的 AI 力量

回顾过去，中国的零售业发展经历了漫长的过程，从传统零售业到互联网电商，分分合合。在 20 世纪 90 年代之前，零售业的形式还是实体商店，并且基本上都是专卖商店。之后，应形势所需，专卖商店进行了重组，形成了百货公司。1990 年之后，在零售市场上，连锁超市占据了主流地位，同时也不乏现代专业店、专业超市和便利店等业态存在。同时，各连锁超市之间的竞争越发激烈，使得市场不得不进入整合期。

2000 年前后，大型综合超市、折扣店出现，以家乐福为代表的国外零售企业进入中国市场，中国零售业市场拉开了新的战局。2000 年之后，中国市场上大型超市的数量猛增，集零售和服务于一身的购物中心也开始出现并发展，并朝着集娱乐、餐饮、服务、购物、休闲于一身的综合性购物中心发展，使中国市场上的零售业呈现出繁花似锦的局面。

但在这繁花似锦的背后一个巨大的威胁正在逐渐逼近，互联网以及电子商务的发展对中国传统的零售业造成了严重的冲击，很多实体店纷纷关门、部分百货商店倒闭。2013 年前后，受移动互联网的影响，不仅零售业受到了波及，消费者的消费习惯和消费观念也受到了影响。在这个时期，线上零售业异常火爆，线下店商异常萧条。并且，电商的重心也开始从 PC 端朝移动端转移。

2015 年，电商进入了稳定发展阶段。此时，受"互联网+"和"O2O 模式"的影响，很多线下零售企业开始探寻与电商的融合发展之路。2016 年以来，中国的零售业局面出现了很大的波动，线下大型超市相继关闭，尤以大润发的关店令人惊心，线上纯电商的流量红利正在逐渐消失。

2016 年 10 月 13 日，马云在阿里云栖大会中表示："纯电商时代很快会结束，未来十年、二十年，没有电子商务这一说，只有新零售这一说。"到底什么是新零售？马云对其做出的解释是：只有将线上、线下和物流结合在一起才能产生真正的新零售。即本质上通过数字化和科技手段，提升传统零售的效率。

2017 年成为中国新零售发展的元年，以阿里和腾讯为首的互联网巨头对线下实体商业领域大量投资布局，打造诸多新物种，如阿里的盒马鲜生、京东的 7fresh、美团的掌鱼生鲜以及永辉的超级物种等。新零售升级改造的方法论被越来越多的行业巨头所采纳，并形成行业大趋势。盒马鲜生是阿里巴巴对线下超市完全重构的新零售业态。以盒马鲜生为代表的新零售范本，基本具备了阿里新零售的所有特征，成为阿里新零售的标杆业态。消费者可到店购买，也可以在盒马 App 下单。而盒马最大的特点之一就是快速配送：门店附近 3 公里范围内，30 分钟送货上门。

新零售的产生和发展背后，离不开技术的推动。过去十年，信息化浪潮颠覆了产业生态链，云计算、大数据、人工智能等新一代信息技术已经成为引领各领域创新的重要动力。在零售行业，技术进步推动零售领域基础设施的全方位变革，使零售行业朝着智能化和协同化发展，最终实现成本的下降和效率的提升。

在零售走向新零售的变革过程中，AI 技术是主要力量。比如，通过应用 AI 技术，商家可以更好地了解消费者需求，提高服务质量，进而提升客户黏性。此外，通过 AI 人工智能技术，可以增加产品和服务的可访问性，促进更具竞争力的价格策略，并改善终端消费者的体验。

而这一些与消费者之间的互动，以及有关消费者反馈的信息，借助于 ChatGPT 才能真正意义上的落地。ChatGPT 的到来，还将进一步深化 AI 在新零售的应用，以顾客为中心，以消费者需求为中心，以定制化、个性化需求为导向的新商业借助于 ChatGPT 技术的开启，将会迎来一场新的变革。可以预见，未来几年零售行业，仍将是 AI 的重点应用领域。

3.7.2　全面渗透新零售

当前，人工智能已渗透到零售各个价值链环节。ChatGPT 的爆发，还将推动人工智能在零售行业的应用从个别走向聚合。

具体来看，以 ChatGPT 为代表的人工智能能够在顾客端实现个性化推荐，让商家对产品和推广策略快速调整成为可能。如果将相关的大量产品知识输入并且经过一段时间的算法训练，ChatGPT 对产品的了解可能比一个十年的导购人员更专业，因为 ChatGPT 的记忆力更强，更善于选择最佳答案。而随着消费数据积累，商家又可以基于这些数据，通过 ChatGPT 对产品研发和推广策略进行再调整。越是了解客户行为和趋势，就能更加精准地满足消费者的需求。

简单来说，ChatGPT 可以帮助零售商改进需求预测，做出定价决策和优化产品摆放，最终让客户就在正确的时间、正确的地点与正确的产品产生联系。

以 ChatGPT 为代表的人工智能将助力零售业提升供应链管控效率。传统零售商面临的一大挑战就是保持准确的库存。但人工智能却能够打通整个供应链和消费侧环节，为零售商提供包括店铺、购物者和产品的全面细节化数据，这有助于零售商对库存进行管理决策。

人工智能还可以快速识别缺货商品和定价错误，提醒员工库存不足或物品错位，以便实现获得更及时的库存。沃尔玛是最早采用人工智能管理店内库存的零售商之一。通过智能机器人扫描所有通道，查看库存水平。他们向商店的仓库发送通知，随时补充库存。

此外，如果让 ChatGPT 服务于线上，在电商的销售咨询过程中，ChatGPT 可以做到以一对百，而且服务更专业，也就是说，ChatGPT 可以改变现有人工售后成本高、效率低的问题，机器人助理会使得售后环节效率大大提升。可以预见到，未来新零售场景会是一个高度语境化和个性化的购物场景。

3.7.3 以人为中心的个性化新零售

随着人工智能技术，尤其是基于大模型算力的提升，让数字孪生人加速到来。所谓的数字孪生人（Digital Human/Meta Human），指运用数字技术创造出来的、与人类形象接近的数字化人物形象，借助人工智能技术进行训练之后，不论是在形象上，或是在语音的表达层面，甚至包括语言的逻辑与表达方式都接近于真人的这样一种数字孪生人。

比如，2023 年年初在美国发生了基于数字孪生人的一件商业事件。23 岁的卡琳从 15 岁起就进入直播行业，从 YouTube 美妆博主成功转型成为 Snapchat 平台的头部网红，并在这个平台拥有 184 万粉丝。在 5 月 2 日，卡琳在推特上宣布，与初创企业 FV（Forever Voice）合作推出 Caryn AI，为粉丝打造一个"虚拟女友"。简单来说，就是打造一个由 AI 技术驱动的数字孪生人。

训练卡琳的数字孪生人，合作的技术公司通过采集卡琳本人长达 2000 个小时的视频素材，这些素材就是卡琳之前在网络上直播留下的各种视频，并结合 Open AI 的 GPT-4，训练出了一个不仅在形象上跟卡琳一样，并且在交流方面还能够很好地模仿其音色、语调和说话风格的数字孪生人。

而卡琳推出自己的数字孪生人，其实是为了跟粉丝之间实现更好的陪伴。作为 AI 伴侣，可以做到 24 小时实时在线秒回，也没有公主病、坏脾气、负面情绪等，可以随时随地互动或者说"治愈孤独"。这也就意味着在 AI 技术的驱动下，我们已经从相对抽象、卡通化的数字虚拟人，向更为精细的数字孪生人转变。而数字孪生人跟数字虚拟人之间的最大差异，就在于数字孪生人是物理实体人的映射，或者说是镜像，数字虚拟人则只是物理实体人的 AIGC 阶段。

在推出 AI 伴侣前，卡琳每年的收入大约为 100 万美元。据卡琳的业务经理称，尽管"卡琳 AI"测试版本仅向用户收取一周的费用，但已经获得了 7.16 万美元的收入。如果一切顺利，卡琳预计 AI 每月可以为她带来 500 万美元的收入，年收入将达到 6000 万美元（约 4.16 亿元人民币），比肩泰勒·斯威夫特（Taylor Swift）。

这也就意味着在 AI 的驱动下，数字孪生人将会借助于互联网为我们进一步拓展商业的边界。尤其是当数字孪生人进入电子商务领域之后，当前的一些直播带货将完全由数字孪生人取代。甚至我们可以针对不同的细分领域，打造行业垂直直播销售的数字孪生人，并且可以实现 24 小时不间断的直播。这对于新零售而言，又是一次更为彻底的技术驱动下的变革，在 AI 技术的驱动下，AI 时代的新零售将最大限度地脱离对人的依赖。

在 AI 驱动的新零售变革中，一个最大的特点，就是"人"的重构。

零售的本质是供需匹配。需求在"人"，供给的是"货"，交易的地点是"场"。传统零售"人—货—场"结构呈线性状态，"消费者、生产生活经销商、零售商"各参与方按照产业链流程进行信息交换，但人工智能的加入，让"人—货—场"结构发生极大转变，加强了对消费者内在、本质的心理诉求的把握方面，推动新零售进入一个以人为中心的个性化新零售新阶段。

其中最典型的应用就是个性化推荐。AI 可以通过对消费者购物行为的跟踪和分析，帮助零售商了解消费者的购物习惯和心理，从而更好地满足消费者的需求。同时，可以利用大数据和机器学习算法，分析消费者的历史购买行为、偏好和兴趣等信息，为消费者提供更加个性化的商品推荐。这不仅减少了消费者的浏览时间，还确保了其更高的购买满意度。无论是在线购物还是实体店购物，AI 都能为顾客推荐最符合其需求的商品，使购物更加高效和愉快。

比如，知名彩妆品牌丝芙兰公司已经开始使用人工智能技术向客户推荐彩妆。对于一些女性来说，找到适合自己皮肤类型和肤色的化妆品是一项挑战。"颜色智商"系统会扫描她们的面部，并相应地推荐粉底和遮瑕膏。

此外，虚拟人的加入将推动个性化新零售进一步发展。

当前，虚拟人已经在零售行业有了广泛应用，各个品牌纷纷推出自家的虚拟代言人，比如屈臣氏推出"屈晨曦 Wilson"，欧莱雅先后推出的"M 姐"和"欧爷"，曼秀雷敦推出的虚拟偶像小护士，花西子公布品牌虚拟形象"花西子"，钟薛高宣布虚拟偶像"阿喜 Angie"为钟薛高特邀品鉴官等。此外，品牌也积极与虚拟人 IP 合作，奈雪的茶携手虚拟人翎 Ling 跨次元内容营销、叶修代言美特斯邦威直播带货、洛天依进入淘宝直播带货等。

未来，随着虚拟人技术的成熟，虚拟人还将在新零售中扮演重要角色，为消费者提供更个性化、更丰富的购物体验。

这也让我们看见，虽然虚拟人不是真正的人类，但它们可以通过自然语言处理技术与消费者建立亲密的互动，包括识别消费者的情绪和需求，并做出相应的回应。在新零售场景中，这种情感支持对于购物体验的改进至关重要，因为它能够提供更亲切、更人性化的服务。

这种个性化的互动已经成为当前新零售行业向前发展的重要趋势，不断提高消费者的体验，引导新零售业"人—货—场"结构的优化和转变。

当然，对于消费者而言，AI 技术的驱动也会让购物更为高效。尤其是在生成式人工智能技术的驱动下，消费者可以将自身的消费诉求告诉生成式人工智能，而人工智能会根据消费者的具体购物诉求，借助于大数据进行深度比较之后，生成最符合消费者要求、最具有性价比的结果呈现给消费者。这不仅可以最大程度地节省消费者的购物比较时间，同时能最大程度地保护消费者的权益。

3.8 人工智能在制造

智能制造作为人工智能的重点落地领域，近十年来被寄予了极高期待。事实上，我们只要回顾近代工业制造的发展历程，就足以理解机器对制造业的意义。1784 年，蒸汽机的诞生成为第一次工业革命的里程碑，蒸汽机的使用，产生了新一代的蒸汽动力引擎，带动了第一次工业革命。

同样的，在人工智能时代，智能机器与制造业的结合也会再一次促进工业的发展。而人工智能在制造业最重要的应用，就是工业机器人。

3.8.1 工业机器人的分类

工业机器人是一种通过编程或示教实现自动运行，具有多关节或多自由度，并且具有一定感知功能的自动化机器，可以代替人进行分拣、包装、喷涂、焊接、高速堆垛等作业。

世界上第一台可编程机器人诞生于美国，并于 1961 年首次运用于工业现场，但当时的机器人只是用于简单搬运和重复劳动。

1967 年，日本从美国引进第一台工业机器人，开启自主研发和产业化之路。在那之后的二十年，日本的工业机器人出现爆发式增长，并孕育了工业机器人"四大家族"的两巨头：发那科和安川电机。

1973 年，德国库卡研发出世界上第一台采用机电六轴驱动的机器人——

FAMULUS。次年，日本 ABB 研发了全球第一台全电控式工业机器人——IRB6。紧随其后的安川电机也在 1977 年开发出日本第一台全电动的工业用机器人——莫托曼 1 号。

中国工业机器人的研究最早始于 20 世纪 70 年代。1979 年沈阳自动化研究所率先提出研制机器人的方案，并于 1982 年研制出国内第一台工业机器人，拉开了中国机器人产业化的序幕。1985 年中国第一台水下机器人"海人一号"、第一台 6 自由度关节机器人"上海一号"、第一台弧焊机器人"华宇－Ⅰ型"（HY－Ⅰ型）分别完成研制，逐步解决了关键技术的突破、实现了"从无到有"的跨越。

当然，工业机器人只是机器人的一个大类，就工业机器人本身而言，按照不同的分类方式，还可以分出许多种类的工业机器人（图 3-1）。其中，按机械结构分，我们可以把工业机器人分为串联型机器人和并联型机器人。

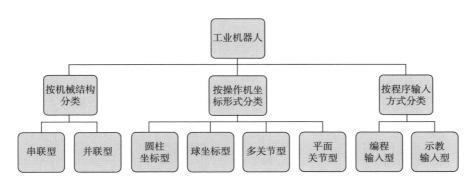

图 3-1 工业机器人的分类

数据来源：波立斯工业机器人，东莞证券研究所

串联机器人中一个轴的运动会改变另一个轴的坐标原点，比如六关节机器人。目前对串联机器人研究得较为成熟，具有结构简单、成本低、控制简单、运动空间大等优点，已成功应用于很多领域，如各种机床、装配车间等。

并联机器人，可以定义为动平台和定平台通过至少两个独立的运动链相连接，机构具有两个或两个以上自由度，且以并联方式驱动的一种闭环机构，一般以 3 轴最为常见。并联机器人的特点为无累积误差、精度较高，驱动装置可置于定平台上或接近定平台的位置，这样运动部分重量轻，速度高，动态响应好。并联机器人在生产线上一般用于对轻小物件的分拣、搬运、装箱、贴标、检测等工作，广泛应用于食品、制药、电子、日化等行业。并联机器人问世之初的应用对象主要是大型乳企以及液体袋装药和药片的生产药企，大多负载都在 3kg 以下，后续的增长主要来源于乳制品行业之外的食品行业，如糖果、巧克力、月饼等生产企业，以及医药、3C 电子、印刷以及其他轻工行业。

按操作极坐标形式分类，工业机器人可以分为圆柱坐标型机器人、球坐标型机器人、多关节型机器人、平面关节型机器人等。

关节机器人，也称关节机械手臂，是当今工业领域中最常见的工业机器人的形态之一，适用于诸多工业领域的机械自动化作业。根据轴数的不同也分为多种，目前应用较多的是四轴和六轴机器人。其中，六轴机器人拥有六个可以自由旋转的关节，提供的自由度可以使其在三维空间中自由活动，可以模拟所有人手能实现的动作，通用性极高，应用也最为广泛，但同时控制难度也最高，价格最为昂贵。搭配不同的末端执行器，多关节机器人可以实现不同的功能，较高的自由度使得多关节机器人可以灵活的绕开目标进行作业，适用于包括搬运、装配、焊接、打磨抛光、喷涂、点胶等几乎所有的制造工艺。

按照程序输入方式分类，工业机器人又可以分为编程输入型和示教输入型机器人等。

编程输入型是将计算机上已编好的作业程序文件，通过 RS232 串口或者以太网等通信方式传送到机器人控制柜。这种可随其工作环境变化的需要而再编程的工业机器人，在小批量多品种具有均衡高效率的柔性制造过程中发挥着良好的功用，是柔性制造系统（FMS）中的一个重要组成部分。

示教输入程序的工业机器人也称为示教再现型工业机器人。其示教方法包括两种：一种是由操作者用手动控制器（示教操纵盒），将指令信号传给驱动系统，使执行机构按要求的动作顺序和运动轨迹操演一遍；另一种是由操作者直接领动执行机构，按要求的动作顺序和运动轨迹操演一遍。在示教过程的同时，工作程序的信息立即自动存入程序存储器中，在机器人自动工作时，控制系统从程序存储器中检出相应信息，将指令信号传给驱动机构，使执行机构再现示教的各种动作。

当然，只有机器人本体是不能完成任何工作的，需要通过系统集成之后才能为终端所用。因此，在注塑、冲压、打磨、喷涂、装配、焊接、精雕、压铸、组装、上下料等制造领域，分别采用不同的系统集成解决方案，并形成了焊接机器人、上下料机器人、喷涂机器人、装配机器人等适用于不同应用领域的工业机器人。

焊接机器人是在工业机器人的末轴法兰装接焊钳或焊（割）枪，使之能进行焊接、切割或热喷涂。它具有诸多优点，包括稳定和提高焊接质量，能将焊接质量以数值的形式反映出来；改善工人劳动强度，可在有害环境下工作；降低了对工人操作技术的要求。上下料机器人能满足快速及大批量加工节拍、节省人力成本、提高生产效率等要求，成为越来越多工厂的理想选择。上下料机器人系统具有高效率和高稳定性，结构简单更易于维护，可以满足不同种类产品的生产，对用户来说，可以很快进行产品结构的调整和扩大产能，并且可以大大降低产业工人的劳动强度。

喷涂机器人又叫喷漆机器人，是可进行自动喷漆或喷涂其他涂料的工业机器人，一般采用液压驱动，具有动作速度快、防爆性能好等特点，可通过手把手示教或点位示数来实现示教。喷漆机器人广泛用于汽车、仪表、电器、搪瓷等工艺生产部门。

装配机器人是柔性自动化装配系统的核心设备，由机器人操作机、控制器、末端执行器和传感系统组成。主要用于各种电器制造、小型电机、汽车及其部件、计算机、玩具、机电产品及其组件的装配等方面。

当前，工业机器人已经广泛应用于电子电气、汽车、橡胶及塑料工业、食品饮料、化工、铸造、冶金等各行各业中。

对于汽车行业，在汽车车身生产中，有大量压铸、焊接、检测、冲压、喷涂等应用，需要由工业机器人参与完成。特别是在汽车焊接过程中，工业机器人的应用则更加普及，极大地提高了车间的自动化水平。比如，一汽引进的捷达车身焊装车间的 13 条生产线的自动化率已经达到 80% 以上，各条线都由计算机控制，自动完成工件的传送和焊接。焊接由 61 台机器人进行，机器人驱动由微机控制，由数字和文字显示，通过磁带记录仪输入和输出程序。机器人的动作采用点到点的序步轨迹，具有很高的焊接自动化水平，既改善了工作条件，提高了产品质量和生产率，又降低了材料消耗。

3.8.2 从"制造"走向"智造"

对于发展制造业来说，工业机器人是关键的一环。正如过去的每一次工业革命一样，工业机器人最大的贡献就是对制造业生产力的改善。相较于人力，工业机器人可以实现更高的精度和稳定性，同时可以在 24 小时不间断工作。特别是对于一些重复性、繁重或危险的工作就更有替代的必要了。并且，工业机器人可以应用在各种各样的生产活动中，可以是在不同的单品生产线中，也可以在不同的生产规模中，包括使用在一些柔性生产线上。

在最近几年，高效率、精准度极高的工业机器人和智能化程度不断提升的 AI 技术已经成为替代人力的必然趋势。这些机器人拥有着强大的计算能力和快速反应能力，能够在生产线上完成各种复杂任务，并且不会出现疲劳或者错误。而 AI 技术则通过深度学习等方式，实现了对数据的自动分析和处理，使得生产过程更加智能化、自动化。这些新兴技术的广泛应用已经改变了传统制造业的生产模式，带来了更高效、更稳定、更可靠的生产方式。

可以说，对制造业而言，当机器人进入工厂的时候，意味着我们将真正进入一个无人工厂的时代。因为机器人不仅能够按照要求完成各种标准化工序的作业，而且基于超级大脑的机器人，还可以完成智慧工厂的管理。

当然，更重要的是工业机器人管理智慧工厂的能力远在我们人类的能力之上。因为 AI 机器人在接入智慧工厂的数据之后，只要算力能够支持的情况下，就可以实现实时的数据分析与决策，而我们人类的信息与数据处理能力根本无法达到 AI 机器人的能力。并且，工业机器人相对人形机器人，将会更快实现普及，因为工业机器人更多的是实现定点的自动化生产工作。

而过去所展望的柔性制造，个性化定制这些设想，将在 AI 技术的驱动下得以实现。比如对于服装行业，当前尽管很多的品牌开始重视尺码的精细化，但还是难以满足不同体型的精细化定制。在 AI 技术的驱动下，当消费者选择了相关的版型之后，只要输入个人的身体特征参数，人工智能就能根据特定的参数数据实时驱动生成精准的裁量尺寸，并导入给由 AI 驱动的智能服饰制造工厂，从而实现快速的个性化定制。

这不仅让我们看到了在 AI 时代机器人换人是大势所趋，同时也意味着，从工业领域开始，AI 将会驱动生产模式与生产要素发生根本性的变革，从而驱动我们人类社会的商业再次迎来 AI 变革时代。

3.9 人工智能在创作

随着人工智能技术的不断发展，其所影响到的行业范围也变得越来越广，尤其是在各行各业的落地实践与应用，从医疗教育到司法金融，无不呈现一片"百花齐放"的盎然景象。人工智能技术除了广泛渗入社会的生产和生活，过去被人们视之为"彰显人类独创性"的内容生产和内容创作，也因人工智能的勃兴而经历着从未有过的变革。

3.9.1 内容生产三阶段

今天的时代是一个内容消费的时代，图文、音乐、视频甚至是游戏都是内容，而我们，就是消费这些内容的人。既然有消费，自然也有生产，与人们持续消费内容不同，随着技术的不断更迭，内容生产也经历了不同的阶段。

PGC（Professional Generated Content）是传统媒体时代以及互联网时代最古老的内容生产方式，特指专业生产内容。一般是由专业化团队操刀、制作门槛较高、生产周期较长的内容，最终用于商业变现，如电视、电影和游戏等。PGC 时代也是门户网站的时代，这个时代的突出表现，就是以四大门户网站为首的资讯类网站创立。

1998 年，王志东与姜丰年在四通利方论坛的基础上创立了新浪网。1999年的"科索沃危机"和"北约导弹击中中国驻南联盟大使馆事件"，奠定了新浪门户网站的地位。1998 年 5 月，起初主打搜索和邮箱的网易，开始向门户网站模式转型。1999 年，搜狐推出新闻及内容频道，确定了其综合门户网站的雏形。2003 年 11 月，腾讯公司推出腾讯网，正式向综合门户进军。

在初期，所有这些网站，每天要生成大量内容，而这些内容，并不是由网友提供的，而是来自专业编辑。这些编辑要完成采集、录入、审核、发布等一系列流程。这些内容代表了官方，从文字、标题、图片、排版等方面，均体现了极高的专业性。随后的一段时间，各类媒体、企事业单位、人民团体纷纷建立自己的官方网站，这些官网上所有内容，也都是专业生产。

后来，随着论坛、博客，以及移动互联网的兴起，内容的生产开始进入UGC（User Generated Content）时代，UGC 就是指用户生成内容，即用户将自己原创的内容通过互联网平台进行展示或者提供给其他用户。微博的兴起降低了用户表达文字的门槛；智能手机的普及让更多普通人也能创作图片、视频等数字内容，并分享到短视频平台上；而移动网络的进一步提速，更是让普通人也能进行实时直播。UGC内容不仅数量庞大，而且种类、形式也越来越繁多，推荐算法的应用更是让消费者迅速找到满足自己个性化需求的UGC内容。

纵观UGC的发展历程，一方面，因为技术的进步降低了内容生产的门槛，在这样的背景下，由于消费者的基数远比已有的内容生产者庞大，让大量的内容消费者参与到内容生产中，毫无疑问能大大释放内容生产力。另一方面，理论上，消费者们本身作为内容的使用对象，最了解自己群体内对于内容的特殊需求，将内容生产的环节交给消费者，能最大程度地满足内容个性化的需求。

值得一提的是，在互联网的PGC时代，并不意味着完全没有UGC方式，只不过由于当时UGC的成本和门槛都相对较高，而呈现出整体性的PGC特征。而后来的UGC时代也同时具有PGC方式，只是由于人人都是内容的生产者，而PGC的内容则显得更加小众。我们现在所处的内容生产时代，其实就是一个UGC和PGC混合的时代。UGC极大程度地将数字内容的供应扩容，满足了人们个性化以及多样性的内容需求。

现在，随着尤其是以ChatGPT为代表的AI技术的兴起，互联网又迎来了一个新的内容生产方式，那就是人工智能内容生产，即AIGC（Artificial Intelligence Generated Content）。

事实上，随着AI技术的发展与完善，其丰富的知识图谱、自动生成以及涌现性的特征，会在内容的创作方面为人类带来前所未有的帮助，比如帮助人类提高内容生产的效率，丰富内容生产的多样性以及提供更加动态且可交互的内容。而人类内容生产的下一个阶段也将在AIGC的浪潮下随之改变。

3.9.2 AIGC 重构创作法则

一直以来，在 AI 领域，科学家们都在力争使 AI 具有处理人类语言的能力，从文学界词法、语句到篇章进行深入探索，企图令 AIGC 成为可能。

1962 年，最早的诗歌写作软件"Auto-beatnik"诞生于美国。1998 年，"小说家 Brutus"已经能够在 15 秒内生成一部情节衔接合理的短篇小说。

进入 21 世纪后，机器与人类协同创作的情况更加普遍，各种写作软件层出不穷，用户只需输入关键字就可以获得系统自动生成的作品。清华大学"九歌计算机诗词创作系统"和微软亚洲研究院所研发的"微软对联"是其中技术较为成熟的代表。并且，随着计算机技术和信息技术的不断进步，AIGC 的创作水平也日益提高。2016 年，AIGC 生成的短篇小说被日本研究者送上了"星新一文学奖"的舞台，并成功突破评委的筛选，顺利入围，表现出了不逊于人类作家的写作水平。

2017 年 5 月，"微软小冰"出版了第一部 AIGC 的诗集《阳光失了玻璃窗》，其中部分诗作在《青年文学》等刊物发表或在互联网发布，并宣布享有作品的著作权和知识产权。2019 年，小冰与人类作者共同创作了诗集《花是绿水的沉默》，这也是世界上第一部由智能机器和人类共同创作的文学作品。

尤其值得一提的是，2020 年 6 月 29 日，经上海音乐学院音乐工程系评定，AIGC 微软小冰和她的人类同学们，即上音音乐工程系音乐科技专业毕业生，一起毕业，并授予微软小冰上海音乐学院音乐工程系 2020 届"荣誉毕业生"称号。

可见，AIGC 作为内容生产的一种全新生成方式，不同于一般对人类智能的单一模仿，呈现出人机协同不断深入、作品质量不断提高的蓬勃局面。而 AIGC 的创作实践也在客观上推动了既有的艺术生产方式发生改变，为新的艺术形态做出了技术上和实践上的必要铺垫。

一方面，AIGC 作为一种新的技术工具和艺术创作的媒介，革新了艺术创作的理念，为当代艺术实践注入了新的发展活力。对于非人格化的智能机器来说，"快笔小新"能够在 3~5 秒内完成人类需要花费 15~30 分钟才能完成的新闻稿件，"九歌"可以在几秒内生成七言律诗、藏头诗或五言绝句。显然，AIGC 拥有的无限存储空间和永不衰竭的创作热情，并且随着语料库的无限扩容而孜孜不倦的学习能力，都是人脑存储、学习与创作精力的有限无可比拟的。

另一方面，AIGC 在与人类作者协同生成文本的过程中打破了创作主体的边界，成为未来人格化程度更高的机器作者的先导。比如，对于微软小冰，研发者宣称它不仅具备深度学习基础上的识图辨音能力和强大的创造力，还拥有 EQ（Emotional Quotient），与此前几十年内技术中间形态的机器早已存在本质差异。正如小冰在诗歌中作出的自我陈述："在这世界，我有美的意义。"

而来自斯坦福大学商学院组织行为学专业的副教授米哈尔·科辛斯基（Michal Kosinski），针对 ChatGPT 的一项最新研究所得出的结论更是引发了关注，这篇论文名为《心智理论可能在大语言模型中自发出现》（*Theory of Mind May Have Spontaneously Emerged in Large Language Models*）。米哈尔·科辛斯基拥有剑桥大学心理学博士学位，心理测验学和社会心理学硕士学位。在当前职位之前，他曾在斯坦福大学计算机系进行博士后学习，担任过剑桥大学心理测验中心的副主任，以及微软研究机器学习小组的研究员。而米哈尔·科辛斯基研究所得出的结论认为："原本认为是人类独有的心智理论（Theory of Mind，ToM），已经出现在 ChatGPT 背后的 AI 模型上。"而所谓的心智理论，就是理解他人或自己心理状态的能力，包括同理心、情绪、意图等。

在针对 ChatGPT 是否具有心智的这项研究中，作者依据心智理论相关研究，给 GPT3.5 在内的 9 个 GPT 模型做了两个经典测试，并将它们的能力进行了对比。这两大任务是判断人类是否具备心智理论的通用测试，例如有研究表明，患有自闭症的儿童通常难以通过这类测试。第一个测试名为 Smarties

Task（又名 Unexpected contents，意外内容测试），主要是测试 AI 对意料之外事情的判断力。第二个是 Sally-Anne 测试（又名 Unexpected Transfer，意外转移任务），测试 AI 预估他人想法的能力。

在第一个测试中整体的"意外内容"测试问答上，GPT-3.5 成功回答出了 20 个问题中的 17 个，准确率达到了 85%。而在第二个测试，也就是针对这类"意外转移"测试任务中，GPT-3.5 回答的准确率达到了 100%，很好地完成了 20 个任务。通过这项研究，研究人员所得出的结论为：davinci-002 版本的 GPT3（ChatGPT 由它优化而来），已经可以解决 70% 的心智理论任务，相当于 7 岁儿童；至于 GPT3.5（davinci-003），也就是 ChatGPT 的同源模型，更是解决了 93% 的任务，心智相当于 9 岁儿童；然而，在 2022 年之前的 GPT 系列模型身上，还没有发现解决这类任务的能力。也就是说，它们的心智确实是"进化"而来的。

当然这项研究的结论也引起了争议，一些人员认为 ChatGPT 当前尽管通过了人类的心智测试，但其所具有的"心智"并非真正意义上的人类的智能、情感心智。但不论我们人类是否承认 ChatGPT 所表现出来的"心智"能力，至少可以让我们看到，人工智能离拥有真正的"心智"已经不远。

3.9.3 赋能百业的 AIGC

ChatGPT 是当前最具代表性的 AIGC 产品，随着 ChatGPT 持续升温，ChatGPT 正在嵌入各个内容生产行业。

比如，传媒方面，ChatGPT 可以帮助新闻媒体工作者智能生成报道，将部分劳动性的采编工作自动化，更快、更准、更智能地生成内容，提升新闻的时效性。事实上，这一 AI 应用早已有之，2014 年 3 月，美国洛杉矶时报网站的机器人记者 Quakebot，在洛杉矶地震后仅 3 分钟，就写出相关信息并进行发布。美联社使用的智能写稿平台 Wordsmith 可以每秒写出 2000 篇报道。

中国地震网的写稿机器人在九寨沟地震发生后 7 秒内就完成了相关信息的编发。第一财经"DT 稿王"一分钟可写出 1680 字。ChatGPT 的出现也进一步推动了 AI 与传媒的融合。

影视方面，ChatGPT 可以根据大众的兴趣定制影视内容，从而更有可能吸引大众的注意力，获得更好的收视率、票房和口碑。一方面，ChatGPT 可以为剧本创作提供新思路，创作者可根据 ChatGPT 的生成内容再进行筛选和二次加工，从而激发创作者的灵感、开拓创作思路、缩短创作周期。另一方面，ChatGPT 有着降本增效的优势，可以有效帮助影视制作团队降低在内容创作上的成本，提高内容创作的效率，在更短的时间内制作出更高质量的影视内容。2016 年，纽约大学利用人工智能编写剧本《阳春》（*Sunspring*），经拍摄制作后入围伦敦科幻电影 48 小时前十强。国内海马轻帆科技公司推出的"小说转剧本"智能写作功能，就服务了包括《你好，李焕英》《流浪地球》等爆款作品在内的剧集剧本 30000 多集、电影与网络电影剧本 8000 多部、网络小说超过 500 万部。并且，2020 年，美国查普曼大学的学生还利用 ChatGPT 的上一代 GPT–3 模型创作剧本并制作短片《律师》。

营销方面，ChatGPT 能够打造虚拟客服，赋能产品销售。ChatGPT 虚拟客服为客户提供 24 小时不间断的产品推荐介绍以及在线服务能力，同时降低了商户的营销成本，促进营销业绩快速增长。并且，ChatGPT 虚拟客服能快速了解客户需求和痛点，拉近商户与消费人群的距离，塑造跟随科技潮流、年轻化的品牌形象。可以说，在人工客服有限并且素质不齐的情况下，ChatGPT 虚拟客服比人工客服更稳定、可靠，虚拟客服展现的品牌形象和服务态度等不仅由商户掌控，比起人工客服还具有更强的可控性、安全性。

如今，人工智能对人的智能性替代仍处于不断学习、发展的阶段，并呈现出领域内的专业化研究趋势。当人工智能对人类专业能力进行取代后，在实现其跨领域的通用能力时，它毋庸置疑地会成为"类人"的存在，并彻底打开人们对 AIGC 的想象，届时，AIGC 时代也将真正降临。

人工智能的不断进步打破了对人类智能的单一模仿，而具备计算智能、感知智能和认知智能的人工智能，除了胜任自动驾驶、图像识别等工作外，也已经能够在深度学习的基础上对自然语言进行处理、以创作者的身份参与创造性的生产。

但这也引起了广泛争议。不同于机械化的生产，人工智能进化出的创造性直接挑战着人类的独特地位以及长远价值，并进一步引发人工智能是否会取代人类的生存焦虑。对于创作领域而言，如果能够掌握人工智能并且熟练应用人工智能的人，将在创作上获得史无前例的突破。但对于相对守旧的群体而言，人工智能将在最大的程度上替代一般性创作，不论是文学、影视还是艺术设计。

3.10　人工智能在新闻

每轮技术革新，都将勾勒出一个新纪元。在 AIGC 时代，所有行业都值得用 AI 重塑。新闻行业也不例外，新闻业甚至是受 AIGC 影响最为大的领域之一，因此，对于 AIGC 的回应也最为积极。

3.10.1　"海啸"即将来临

人工智能对新闻行业最大的改变，就是推动了新闻自动化生产的发展，而这一改变从十年前就已经开始。

美联社是最早利用人工智能和自动化来支持其核心新闻报道的新闻媒体之一。2014 年，美联社开始使用人工智能程序处理有关企业收益的报道，令新闻业面貌为之一新。

在使用人工智能之前，美联社的编辑和记者在其中花费了无数资源制作财务报告，也因此分散了对有更大影响力的新闻的关注。即使大量投入，美联社每季度也只能制作 300 份财务报告，还有数千份潜在的公司收益报告未能成文。而采用人工智能平台 Automated Insights 的 Wordsmith，在几秒内就可以将那些投资研究的收益数据转换为可发布的新闻报道，效率大大提升，美联社制作的季度收益报告一下子达到 4400 个，效率是手动工作的近 15 倍。

当然，美联社只是使用人工智能的一家媒体，实际上，同时期使用人工智能的媒体还包括彭博社、路透社、福布斯、纽约时报、华盛顿邮报、英国广播公司等大型媒体。这些大型媒体的人工智能应用主要是将机器学习运用于采集、制作和分发新闻等各个流程。

比如，华盛顿邮报利用名为 Heliograf 的自动化编辑器，使得机器可以生成相关内容。福布斯业推出了一个名为 "Bertie" 的全新网站，Bertie 是一个 AI 内容发布平台，该网站采用内容管理系统驱动，专门为内部新闻编辑室和合作伙伴打造。通过 Bertie，可以生成更具吸引力的标题，进行图片与故事内容的精准匹配，还能对阅读难度进行评估。

对于国内的媒体机构来说，早在 2015 年，腾讯财经就已推出自动化新闻写作机器人 Dream Writer，据 Dream Writer 的研发团队透露，它的内容生产方式主要是基于大数据分析平台，在短时间内选出新闻点、抓取相关资料，通过学习固定的新闻模板生成稿件，它的优势在于适用在信息量巨大的财经资讯类新闻，在准确率和时效性上都完胜人类记者编辑。

除了腾讯 Dream Writer，类似的还有新华社的机器新闻生产系统 "快笔小新"。它通过对数据采集、加工，并进行自动写稿、编辑签发，以最快的速度地完成例如体育赛事、中英文稿件和财经新闻的自动撰写等。

不过，在大模型还未爆发之前，相比普通的新闻记者，人工智能新闻采编虽然在时效性、准确性上更具优势，还处于比较基础的状态，缺乏共情力、调查力、创造力和思想力，能做到效率的提高，还未能进行更加深度的分析和解释，因此很难写出富有创意的报道。

直到 2022 年，以 ChatGPT 为代表的大型语言模型和基础模型得到突破性进展，人工智能新闻采编才有了明显的改变。和过去的任何一个人工智能产品都不同，以 ChatGPT 为代表的大型语言模型擅长于各种各样的任务，并且展现出不输于人类的性能和水平。

英国的新闻网站 journalism.co.uk 在 2023 年 1 月专门发表了一篇文章，总结了 ChatGPT 可以为记者完成八项任务：生成大文本和文档的摘要、生成问题和答案、提供报价、制造标题、将文章翻译成不同的语言、生成邮件主题和写邮件、生成社交帖子、为文章提供上下文。美国《内幕》（*Insider*）全球总编辑卡尔森甚至将 ChatGPT 称为"海啸"：海啸即将来临，我们要么驾驭它，要么被它消灭。他认为人工智能会让新闻业变得更快更好。

3.10.2 AIGC 时代的新闻业

ChatGPT 横空出世，对新闻业的震撼非同小可。

在国际上，许多媒体已经开展了相关尝试。新闻聚合网站 BuzzFeed 发布由 AI 作答的测试栏目 quizzes，并表示将使用 AIGC 编写测试类内容，以替代部分人力。2023 年 5 月 24 日，《华盛顿邮报》宣布成立跨部门 AI 协同机制，包括战略决策团队 AITaskforce 和执行团队 AIHub，以更好地适应 AI 创新实践。国内媒体如澎湃新闻、封面新闻、上游新闻等百余家媒体机构在 2023 年 2 月宣布接入 AIGC 产品。

新闻工作者已经从 ChatGPT 获得助力。《纽约时报》观点专栏作家曼珠认为，ChatGPT 这样的应用将成为许多记者工具包的常规应用。他在自己的文章中将 ChatGPT 比喻为新闻工作者获得的新型喷气飞行器，虽然有时它会崩掉，但有时它则会翱翔、升腾，能够在几秒、几分钟内完成过去数小时才能完成的任务。

目前，以 ChatGPT 为代表的 AIGC 对于新闻业的影响主要集中于新闻生产阶段。而随着 ChatGPT 等 AIGC 技术能力的提升以及应用程度的加深，它对于新闻业的影响也会日益深化。

一方面，AIGC 将优化新闻信息的采集与处理。借助 plugins 等插件，ChatGPT 可以快速抓取和采集海量数据，并进行自动处理，如快速浏览文本和生成摘要，为新闻工作者提供有力的数据分析，从而提供见解或启发，帮助记者寻找更独特的角度、更有洞察力的思考方向。这种能力提供了一种提升信息获取效率的可能，在资料检索阶段，记者和编辑无须阅读大量全文资料，而可利用 ChatGPT 的数据分析和语义分析能力生成摘要，快速获取核心信息，以提高工作的效率。ChatGPT 的语言生成能力还可用于翻译跨语言文本，方便记者和编辑获取不同语种的资料与信息。同时，AIGC 工具能辅助记者进行采访音视频内容识别与整理，提高生产力并优化创作流程。

另一方面，AIGC 能直接进行新闻内容的生成，提升报道效率。ChatGPT 具有较强的学习能力和文本生成能力，在联网之后，还能迅速采集互联网资料进行新闻内容的生成。通过提示词的设置，ChatGPT 还可以生成特定风格的新闻报道。除此之外，ChatGPT 可以应用于生成访谈提纲、文章框架和标题等内容，还能将新闻报道翻译成多种语言，打破语言边界。

部分媒体已将 AIGC 纳入新闻内容的生产流程中，如 BuzzFeed 将 ChatGPT 用于测验类内容的生成；2023 年情人节前，《纽约时报》使用 ChatGPT 创建了一个情人节消息生成器，用户只需要输入几个提示指令，程序就可以自动生成情书；德国出版集团 AxelSpringer 和英国出版商 Reach，近期也在地方新闻网站上发布了由 AI 撰写的文章。全球首个完全由人工智能生成新闻报道的平台 NewsGPT.com 也已经上线。根据声明，该网站没有人工记者，由 NewsGPT 实时扫描、分析来自世界各地的新闻来源，包括社交媒体、新闻网站等，并创建新闻报道和报告。其创始人声称，NewsGPT"不受广告主、个人观点的影响"，7×24 小时提供"可靠的"新闻。

3.10.3 不准确的假新闻?

看起来，ChatGPT 等生成式人工智能为新闻业的效率与革新带来了前所未有的发展，但在机会到来的同时，挑战也如期而至。

究其原因，ChatGPT 等生成式人工智能本质上依然只是通过概率最大化不断生成数据而已，而不是通过逻辑推理来生成回复。

由于数据和模式的种种缺陷，生成式人工智能存在系统性偏见、价值观对抗、"观点霸权"、刻板印象、虚假信息等问题。而模型本身也有其局限性。大型语言模型缺乏常识性的推理能力，由此带来了其能力的局限性。这类局限的最大困境是：生成式人工智能不理解其生成的文本的含义。

当生成式人工智能面对细微差别、歧义或讽刺之类的内容时，它难以理解其中的真实意义；它可以生成似是而非但不正确甚至荒谬的文本；它无法验证其输出的真实性；它的输出可能是公式化的，可能会单调乏味、缺乏想象力；它可以生成带有偏见、歧视性的文本。这也就是所谓的 AI 幻觉，即人工智能的"胡言乱语"。

然而，对于专业媒体来说，新闻报道最重要的就是严谨性和真实性，任何新闻报道都要对读者负责，也要为机构声誉负责，信息源混乱的 AIGC 显然不是理想的选择。如彭博传媒首席数字官朱莉亚·贝泽（JuliaBeizer）所评价的，媒体的定位是为读者提供基于事实的信息，但 AI 并不足以作为准确的信息源。这就意味着，一旦 AI 幻觉问题无法获得有效的解决，AI 编写新闻将会成为假新闻的源发地。

2023 年，美国科技新闻网站 CNET.com 一度上线了几十篇由 AI 生成的文章，尽管网站编辑声称文章在发布之前都经过了核查和编辑，但是很快读者发现，这些文章中有大量的基础性错误，并且其中一半都存在抄袭和剽窃的问题。

这也是为什么美国最大新闻出版商 Gannett 宣布，将暂停使用人工智能工具撰写体育新闻的原因。Gannett 发言人声称，已经暂停了所有使用 LedeAI 的服务与试验，除了在全国增加数百个报道岗位外，还会加强人工智能工具，以确保提供的所有新闻和信息都符合最高的新闻标准。LedeAI 首席执行官杰伊·奥尔雷德（Jay Allred）对 Gannett 报纸上的文章"包含错误、不必要的重复和尴尬的措辞"表示遗憾，并补充说该公司"正在全力以赴纠正问题并做出适当的改变"。

新技术的应用，往往会带来颠覆性的变化。正如媒介学者约书亚·梅洛维茨（Joshua Meyrowitz）所言：任何一种媒介的介入，都会创造出全新的环境。尽管目前 AIGC 还存在着一些问题，但这并不阻碍人工智能技术取代新闻采编工作的趋势。正如今天的各种资讯平台，各种社交媒体平台一样，里面也充斥着各种混乱的虚假信息，但依然无法阻止这类社交媒体的发展。面对来势汹汹的 AIGC 浪潮，新闻业无法置身事外，势必也将被卷入其中，甚至被彻底重塑。但在此之前，我们仍需谨慎面对技术带来的风险，审慎回应技术带来的挑战。

3.11　人工智能在生活

个人人工智能革命正在来临。

谷歌人工智能部门 DeepMind 的联合创始人穆斯塔法·苏莱曼（Mustafa Suleyma）表示，随着人工智能技术变得更加便宜、普及，未来五年内，每个人都将拥有自己的人工智能助手。苏莱曼表示，每个人都将有机会得到一个了解你自己的人工智能助手，它超级聪明，而且了解你的个人历史。

随着以 ChatGPT 为代表的 AI 大模型深入发展，在未来，人工智能将如同一个新的基础设施，让每个人都能利用其强大的能力。就像互联网的普及一样，人工智能也终将推动全人类的进步。

3.11.1 智能助手在生活

其实，在我们的生活中，很早就有了智能助手的存在。

而所谓智能助手，其实就是一种基于人工智能技术的应用程序或设备，旨在帮助用户完成各种任务、提供信息和服务。智能助手通常具备语音识别、自然语言处理和机器学习等技术，使其能够理解和解释用户的指令、问题或请求，并以相应的方式作出回应。

智能助手可以运行在智能手机、智能音箱、智能手表等设备上，我们日常接触的 Siri、小度、小布都是 AI 智能助手。此外，智能助手也可以作为一个嵌入式系统集成在汽车、家居等环境中。它们被设计成能够与用户进行对话交互，通过语音、文本或触摸界面来接收指令和提供反馈。比如，在乘坐网约车时，司机会使用地图软件进行导航，而地图软件里的智能助手就是利用人工智能技术提供实时路况信息、导航路径规划、语音导航等功能。除了基本的导航功能，地图导航往往还提供实时路况监测、道路收费查询、停车场信息等功能，这些功能都依赖于智能算法和实时数据分析。

基于智能助手的强大生命力与延展性，智能助手已经在多个领域中找到了广泛的应用场景。比如，智能助手可以提供日常生活服务，例如设置闹钟、提醒事项、查询天气、获取新闻等，当人们腾不出手时，也可完成部分任务，节省精力和体力。智能助手可以搜索和获取信息，例如通过互联网搜索答案、获得实时资讯、解读文本内容等，为用户提供广泛的知识和实时资讯，帮助用户更加便捷地获取所需的信息。可以通过智能助手控制智能家居设备，例如通过语音控制灯光、温度、安全系统等，以获得更便捷和智能化的居家体验。我们还可以利用智能助手执行任务和操作，例如发送短信、观看电影、订购商品、预订餐厅等。

值得一提的是，虽然在更早以前，智能助手就已经进入我们的生活，但在 ChatGPT 真正爆发以前，智能助手都还不是真正的"智能"。根本上来说，过去，智能助手在类人语言逻辑层面并没有真正的突破，这就使得基于人工智能的智能助手其实和智能依旧没有什么关系，依然停留在大数据统计分析层面，超出标准化的问题，智能助手就不再智能，而变成了"智障"。

可以说，在以 ChatGPT 为代表的 AI 大模型出现以前，我们所体验到的智能助手在很大程度上还只能做一些数据的统计与分析，所擅长的工作就是将事物按不同的类别进行分类，再给出回复，并不具备理解真实世界的能力，也不具备逻辑性、思考性。因为人体的神经控制系统是一个非常奇妙系统，是人类几万年训练下来所形成的，也就是说，在 ChatGPT、GPT-4 这种生成式语言大模型出现之前，我们所有的人工智能技术，从本质上来说还不是智能，只是基于深度学习与视觉识别的一些大数据检索而已。

但 GPT 技术却为智能助手应用和发展打开了新的想象空间。GPT 为智能助手带来最核心的进化就是对话理解能力，即具备与拥有了类人的语言逻辑能力，而这正是智能助手最重要也最需要的能力。

3.11.2 从搜索引擎到智能助手

在 ChatGPT 爆发的一开始，网络上有一个热门的讨论话题，那就是"ChatGPT 是否会取代搜索引擎"。毕竟，ChatGPT 的性能实在是强悍得令人惊叹。现在，随着 ChatGPT 影响力的扩大，当越来越多的人都开始使用ChatGPT 时，我们似乎也更清楚地看到了这个问题的答案。

真相是，ChatGPT 没能取代搜索引擎，却成了比搜索引擎更高级的人类的生活和工作助理，并朝着这一方向继续发展了下去。

我们再回到这个问题来看，如果我们从个人对于信息需求的角度出发，主动式的信息需求分为几个步骤，第一步是意图的理解，第二步是寻找合适的信息，第三步是寻找完合适的信息后做出理解和整合，第四步是回答。但是，传统的搜索引擎，不管是谷歌还是百度，或者是其他搜索引擎，都只能做到三步，即理解意图，随后进行信息的匹配和寻找，再进行呈现。于是，在传统的搜索模式中，我们输入问题，搜索引擎就会返回一些片段，通常是返回一个链接列表。而 ChatGPT 却在这个基础上多了一步，就是理解和整合。事实上，这也是当前搜索引擎想要发展的下一个方向，比如，谷歌就在进行这方面的研究，只不过 ChatGPT 的突然诞生，提早完成了这一步骤，而且 ChatGPT 的效率还要高过传统的搜索引擎。这也正是今天 ChatGPT 的优势所在。

更具体一点来看，ChatGPT 或者聊天机器人本身就已经是一个比较完备的载体，一定程度上，我们能在上面做我们想做的几乎所有事情，而这其中就包括搜索引擎上的部分。虽然 ChatGPT 能做搜索引擎做的事情，但 ChatGPT 并不局限在搜索引擎上，ChatGPT 还可以提供追问的答案。如果我们需要，ChatGPT 还可以告诉我们它这样分析与建议的依据来源。

换言之，虽然 ChatGPT 没有取代传统搜索引擎，但相比谷歌搜索抓取数十亿个网页内容编制索引，然后按照最相关的答案对其进行排名，包含链接列表来让你点击，ChatGPT 能够直接基于它自己的搜索和信息综合的单一答案，回复流程也更加简便。在这个过程里，ChatGPT 扮演的更像是一个 AI 助理的角色。

当前，已经有越来越多的用户在日常生活中发掘 AI 的潜力。自 2022 年 ChatGPT 推出以来，人们便尝试利用它计划家庭假期、找公寓、减肥以及协助工作等。一些员工甚至会在公司使用 ChatGPT 完成工作任务。

比如，在论文写作方面，相比传统的写作方式，ChatGPT 能够根据大量的相关信息，结合自身的 AI 能力，帮助人们快速生成高质量的论文。不仅如此，ChatGPT 还能够对已经写好的论文进行语法检查和修正，帮助人们提升写作水平。

在翻译领域，无论是汉译英、英译汉，还是其他多种语言的翻译，ChatGPT 都能够准确快速地完成。可以想象，随着这一技术的进一步完善，在不久的将来，不同国家与地区之间的交流将会变得更加无缝和方便。

就连代码编写，ChatGPT 也有涉及。通过聊天交互的方式，ChatGPT 就能够准确理解人们编写代码的需求，并能够针对具体问题提供解决方案。

AI 的革命潜力已经被广泛地认可，微软联合创始人盖茨将 AI 的基础影响与互联网的诞生相提并论，认为它可以减轻医护人员和教师的工作量。或许很快，强大的 AI 能力会变得廉价和普及，让我们所有人都能因此变得更加聪明，工作更富有成效。但这个前提是，我们首先要学会使用 AI。

3.12 人工智能在农业

自古以来，农业就是人类赖以生存的根本。从最早的原始农耕到现代大规模农业，农业一直在不断演变，以满足人类对食物、纤维和其他农产品的需求。

随着人工智能技术的发展和普及，农业行业正迎来一次新的变革，农业已经从传统的劳动密集型产业逐步转变为高科技产业。今天的农业科技，包括人工智能、物联网、大数据等先进技术，都在不断推动农业的现代化和智能化。

3.12.1 从"粗放"到"精准"的农业

农业是一个充满变量的动态系统，无论是气候、土壤、种子，还是动物、养分，在传统农业生产中都难以精准监控。在传统的粗放农业模式下，农民通常倾向于广泛地利用大面积土地来生产农产品，而非注重资源的有效利用，粗放农业常常采用传统的耕作方法，例如广泛的人工劳动和传统农业工具，如犁和锄头。

相较于粗放农业，精准农业则是基于人工智能、大数据等信息技术和精密的农业装备，通过对农田、作物、气象、水文等方面的实时监测和分析，实现农业生产的精准化管理和优化决策的新型农业模式。

精准农业的实现离不开人工智能的支持，究其原因，人工智能不仅能够基于已有信息进行学习，还能基于机器学习对其进行检测分析，推动对每一个变量，每一个生产过程的精细化管理、检测和优化。随着人工智能技术被引入农业，农场主可以用传感器监测信息以提取特征规律，用集成专家经验的仿真器进行模拟、探索和优化，从而形成一套实时、精准的决策方案，可以说，人工智能就是提升土地利用效率的关键。

具体来看，在农业生产过程中，农民需要综合管理温度、湿度、土壤质地、肥料供应等多个因素，这些多元化的参数以及它们间的关联性，正好为人工智能提供了极大的施展空间。人工智能可以收集和分析关于土壤、气候、作物生长的大量数据，从而提供更精准的农田管理建议。例如，通过分析土壤含水量和养分含量等数据，人工智能可以提供关于灌溉和施肥的精准建议。

2023 年 2 月，美国知名农业科创企业 FBN 宣布推出业界首个人工智能驱动的农艺顾问 Norm，为农民提供广泛的农艺智能。Norm 汇聚了公开的数据，如天气洞察、土壤监测、施用量、产品标签、当前事件、大学研究和种植者评论，以及 FBN 独有的数据源，让种植者可以就广泛的农艺、农场经营、动物健康和产品使用等问题进行查询。

2023 年 7 月，设备经销商 Torgerson's（CNHI 的经销商）宣布与 AGvisorPRO Inc 建立合作伙伴关系。通过 AGvisorPRO Inc 的 visorPRO 系统，为农民提供快速、准确的支持。利用 visorPRO，服务人员可以将农民的询问输入系统，该系统利用人工智能功能和大语言模型在 30 秒内生成定制答案。

此外，通过机器学习和图像识别技术，人工智能可以帮助农民及时发现和识别作物病虫害，同时通过分析历史和环境数据，预测病虫害的发生。人工智能还可以驱动农业机械和无人机实现自动化的农业作业，如播种、施肥、灌溉、收割等。在农产品质量检测和分类上，人工智能可以通过分析农产品的颜色、形状、大小等特征以及糖度、硬度等内在质量参数，实现农产品质量的快速精确检测和分类。最后，人工智能还可以通过分析历史数据和市场需求，预测农产品的需求和价格变动，从而帮助农民和农业企业优化生产计划和供应链管理。

3.12.2 智慧农业的未来

人工智能技术的应用已经开始改变现代农业的方式和效率，为农民带来了更好的管理手段和更高效的农业生产方式，智慧农业时代正在到来。

一方面，通过人工智能构建形成集定位系统、遥感系统、作物专家决策系统于一体的综合性精准农业平台，能够实现精准播种、精准施肥、精准灌溉、精准决策，彻底改变传统的农业生产。而基于人工智能建构的农业智能管理系统，能将生产、销售、流通等不同农业生产环节资源高效整合、集中管理、高效配置，实现跨环节资源共享共用，将推动农业资源所有制形式变革。

另一方面，随着卫星、无人机和自动化农业机械技术的发展，未来的农田可能会实现全程自动化，从播种、施肥、灌溉到收割，都将由智能机器人完成。目前，针对农业应用需求，已经诞生出以空中为主如卫星技术、农业无人机等和以地面上为主的农业无人车、智能收割机、智能播种机和采摘机器人等智能装备。

其中，卫星技术主要以作物、土壤为对象，利用地物的光谱特性，进行作物长势、作物品质、作物病虫害等方面的监测，其主要应用于农作物产量预估、农业资源调查和农业灾害评估。

无人机融合人工智能，能有效解决大面积农田或果园的农情感知及植保作业等问题。从植保到测绘，农业无人机的应用场景正在不断延伸。如植保无人机具有一键启动、精准作业和自主飞行等能力，真正实现了无人机技术在喷施和播种等环节的有效应用，从而为农业生产者降本增效。无人车利用了包括雷达、激光、超声波、GPS、里程计、计算机视觉等多种技术来感知周边环境，通过先进的计算和控制系统，来识别障碍物和各种标识牌，规划合适的路径来控制车辆行驶，在精准植保、农资运输、自动巡田、防疫消杀等领域有广阔的发展空间。

农业机器人可应用于果园采摘、植保作业、巡查、信息采集、移栽嫁接等方面，越来越多的公司和机构加入到采摘机器人的研发中，不过，当前的农业机器人离大规模地投入使用尚存在一定距离。

可以预见，未来，人工智能中的各种技术在农业领域的应用程度还会不断加深，从粗放走向精准，智慧农业的未来正在加速到来。

3.13 人工智能在城市

当前，围绕智慧城市的技术、政策、生态正在成为全球每一个经历科技革命洗礼的城市的共同命题。对于一座城市来说，人们讨论的已经不再是"要不要发展智慧城市"，而是当智慧城市浪潮来临时，如何把握从数字化、智能化到智慧化的未来城市航向。其中，作为一项颠覆性的技术，人工智能在撼动城市的社会、环境、政治与经济上显然具有重要作用，事实上，智慧城市也是人工智能应用场景最终落地的综合载体。

让一个城市变得"智慧"

智慧，通常被认为是有着生命体征和诸多身体感知的生物（人类）才有的特点，用智慧来描述城市，就好像城市被赋予了生命一样。事实上，城市本身就是生命不断生长的结果。

当然，"智慧城市"是一个不断发展的概念。最初，智慧城市被用来描绘一个数字城市，随着智慧城市概念的深入人心和在更宽泛的城市范畴内不断演变，人们开始意识到智慧城市实质上是通过智慧地运用信息和通讯技术以及人工智能等新兴技术手段来提供更好的生活品质以及更加高效地利用各类资源，实现可持续城市发展的目标。

城市的成长始终和技术的扩张紧密相关。从过去人们想象中的城市，到用眼睛看到的城市，再到由英国建筑师罗恩·赫伦（Ron Herron）所提出的"行走的城市"。借助物联网、人工智能、数字孪生等数字技术的便利，城市从静态逐渐向动态延伸，而这所有集结了现代科技的城市现状，则被蕴含在"智慧城市"的概念里。

2007 年，维也纳技术大学鲁道夫·吉芬格（Rudolf Giffinger）教授提出了"智慧城市六个维度"，被认为是世界上较早提出完整的智慧城市概念，这六个维度分别是：智慧经济、智慧治理、智慧环境、智慧人力资源、智慧机动性、智慧生活。

智慧经济主要包括创新精神、创业精神、经济形象与商标、产业效率、劳动市场的灵活性、国际网络嵌入程度、科技转化能力。

智慧治理主要包括决策参与、公共和社会服务、治理的透明性、政治策略与视角。

智慧环境包括减少对自然环境的污染、环境保护、可持续资源管理。

智慧人力资源包括受教育程度、终身学习的亲和力、社会和族裔的多元性、灵活性、创造力、开放性、公共生活参与性。

智慧机动性包括本地辅助功能、（国家间）无障碍交流环境、通信技术基础设施的可用性、可持续、创新和安全、交通运输系统。

智慧生活（生活品质）包括文化设施、健康状况、个人安全、居住品质、教育设施、旅游吸引力、社会和谐。

吉芬格教授认为，这六个维度全面地涵盖了城市发展的各个领域，尤其是除了城市的物质性要素以外，还将社会和人的要素纳入其中，并将高品质生活和环境可持续作为重要的目标。

可以说，要让城市更智慧，关键在于如何利用数字技术创造美好城市生活和环境的可持续。而智慧城市的技术核心就是人工智能，人工智能具有串联各个行业的可能，比如城市管理、教育、医疗、交通和公用事业等，而城市则是所有行业交叉的载体。可以说，人工智能就是智慧城市的技术源头，影响着城市运作的各个方面，包括市政、建筑、交通、能源、环境和服务等，涵盖面非常广泛。

3.13.1 人工智能如何应用于智慧城市？

人工智能作为一项颠覆性的技术，它在城市中的应用正深刻地改变城市。

人工智能 + 城市设计

城市设计是对城镇和城市以及其中的街道和空间的设计，人工智能可以通过多种方式帮助推动城市规划过程。事实上，人工智能已经开始在现代城市规划和发展中发挥至关重要的作用，并为城市设计师和政策制定者提供宝贵的见解。

与城市基础设施、交通模式、公共服务和社区人口统计数据相关的数据量庞大且通常很复杂，这使得使用传统方法处理和分析具有挑战性。人工智能具有处理大量数据并从中学习的能力，为这些挑战提供了有效的解决方案。

人工智能系统可以有效地分析这些复杂的数据集，以发现可能不会立即显现的模式、趋势和关系。这可以指导城市规划者关于在哪里分配资源、如何管理城市增长或在哪里开发新基础设施做出最合适的决定。人工智能还可以帮助预测未来的城市发展趋势，例如人口增长或交通需求的变化，使城市规划者能够主动设计和实施确保城市可持续的发展战略。

人工智能 + 交通

在交通管理方面，随着人口的不断增长和城市化进程的加快，传统交通模式已经无法满足人们的需求。而智能交通系统的发展，则让交通出行变得更加便捷和高效。智能交通管理系统是一种利用信息和先进的通信技术以及人工智能技术来优化城市交通流量和安全的管理系统。智能交通管理系统可以通过对交通数据的实时分析和处理，为城市规划师提供有效的数据支持和决策支持，帮助他们制定更加科学和合理的城市交通规划。

具体来看，在交通流量优化上，人工智能可以通过识别交通流量，预测拥堵情况，实现交通流量的优化。通过深度学习技术，可以对交通流量进行实时分析，并通过智能路灯、智能信号灯等设施来优化交通流量。

在交通信号优化上，人工智能可以通过智能信号灯来优化交通信号，实现交通流量的平衡和调节。通过智能控制，可以根据实时的交通流量信息和历史数据，智能地调整信号灯的时间和间隔，以最大限度地减少拥堵和等待时间。

在交通事故预防上，人工智能还可以通过对交通数据和历史事故数据进行分析，预测可能发生的交通事故。同时，智能交通管理系统还可以通过实时的监测和预警，及时防范交通事故的发生。

此外，人工智能可以为驾驶员提供更加智能、便捷的导航系统，包括路线规划、实时交通信息和预测等。智能导航系统可以为驾驶员提供更加精准、可靠的导航服务，减少路程时间和交通拥堵。

智能城市解决方案供应商 Hayden AI 已经将计算机视觉与车载传感器和 5G 等嵌入式连接相结合，帮助市政当局创建更智能的车队，保护公共汽车和自行车道，保证学校区域的安全等，能提高交通效率、减少危险，使复杂的流程自动化，并改善公共服务。

人工智能 + 环保

在环境保护方面，通过人工智能技术，可以实现环境数据采集、智能能源管理、智能垃圾分类等，推动城市可持续发展和绿色生态建设。比如，有特殊的人工智能摄像头可以检测扔在街上的垃圾，它们还可以识别垃圾是由什么材料制成的。一些垃圾箱包含基于人工智能的传感器，当它们需要清空时，这些传感器会发送信息。这样，垃圾箱只有在有需要时才会被访问和清理，最终帮助城市管理节省清洁成本。

总部位于新西兰的初创企业 ARCubed 就制造了一款名为 One Bin 的人工智能垃圾箱，利用计算机视觉将可回收材料从垃圾中分类。这消除了分类错误，将垃圾从垃圾填埋场转移。当垃圾箱装满时，垃圾收集者也会收到通知。

此外，通过分析空气质量监测数据，人工智能可以帮助识别空气污染的主要来源和影响因素，并预测未来的污染趋势。比如，通过使用机器学习算法对空气污染数据进行建模和分析，人工智能就可以识别出与空气质量相关的天气、交通、工业排放等因素。基于分析和预测的结果，人工智能还可以为政府提供智能预警和决策支持，比如可以根据预测的数据提出相应的管控措施，调整交通流量、限制工业排放、实施封闭管理等。

人工智能 + 安防

智慧安防也是智慧城市发展的另一个重要领域。通过人工智能技术，可以实现智能监控、人脸识别、行为分析等，提高城市安全和治安管理水平。中国的一些城市已经部署了智慧安防系统，包括智能视频监控、智能巡逻机器人等。

通过各种传感器和监测设备，人工智能还可以收集城市交通、气象、水质、环境等方面的数据，利用人工智能技术将这些数据进行整合和分析，生成城市的大数据。通过分析历史数据和当前数据，结合人工智能算法，可以对城市中的自然灾害、公共卫生、交通拥堵等问题进行预测和预警。

同时，人工智能还对城市中存在的安全隐患、环境污染等风险进行识别和评估，提供相应的解决方案。在智慧应急和救援方面，通过城市智能化平台，将收集到的大数据和人工智能技术应用于城市的应急和救援工作中，提高救援效率和准确度。

智慧城市为城市的未来发展创造了无限的可能性，时至今日，智慧城市已经不再只是一种"技术承诺"，而是一种以人为核心的数字社会与现实世界融合互动的"权利接口"。智慧城市的发展引领着社会进步，汇聚着行业新活力，而人工智能将在此概念中发挥重要作用，为城市发展提供支持。

3.14 人工智能在政府

每一次科技革命，都对人类政治文明的重大转型举足轻重。

第一次工业革命时期，英国社会形成了以工具理性为基础的准科层制组织，相应的政府管理理念及组织形式亦成为世界性的早期治理现代化模板。

第二次工业革命产生了新的动力系统，驱动专业化分工和流水线式生产模式的形成，韦伯意义上的科层制成为全球政府组织的主流形式。

第三次工业革命以计算机和信息通信技术为标志，促进了服务型经济和电子政务的产生，以无间隙政府、新公共管理等政府改革为标志对传统科层制组织形式进行了自我调适。而伴随着信息革命的纵深发展，新兴科技的快速迭代和渗透，以大数据、人工智能等为代表的技术，将人类社会推向了第四次工业革命。

第四次工业革命的深度和广度，以及其对经济社会产生的影响，都是前几次工业革命无法比拟的。第四次工业革命最显著的特征就在于数字技术的发展和扩散，由此引发物理、数学、生物领域边界的融合，从根本上改变了人们的生活、工作以及交往的方式。并且，再一次深刻影响着国家治理及政府改革创新，以数据驱动和数字治理为核心特征的数字政府建设成为全球政府创新的核心议题。

如今，起步于20世纪90年代的数字政府建设，重新走上了一个关键节点。

在数字时代建立数字政府

数字政府的建立离不开数字时代的框架。

20世纪中叶开始，数字化革命在全球兴起。在过去的几十年中，随着计算能力的大幅提升和相应成本的下降，数字技术得到了长足发展，并且在今天已经形成了一个相互依赖和相互作用的数字技术生态系统，包括物联网、5G、云计算、大数据、人工智能等。

每一项技术背后都蕴藏着无限的发展机会和应用的可能，而技术之间的相互结合构成的数字技术生态系统，则具有比单一技术发展更强的功能。数字生态系统产生了广泛的经济、社会和政治影响，并推动着整个经济和社会的转型，即数字化转型。在社会数字化转型背景下，对于以政府为核心的公共部门而言，其面临的压力和挑战更为突出。

一方面，是政府公共部门如何更好地发挥其作用和职能，以解决数字社会所面临的诸多新的问题和挑战，化解新的风险和可能出现的危机，建立一个充满包容性、值得信赖的和可持续发展的数字社会。尽管这是人类社会共同的挑战，但政府在其中扮演的角色和职责意义重大。包容的数字社会，不仅仅意味着网络和数字的可及性，更重要的是让每一个人都能够获得数字社会发展的福利。值得信赖的数字社会，是建立在信任基础上的，在数据环境下，隐私、安全、责任、透明和参与都是信赖的基础所在。可持续的发展的数字社会，意味着确保经济、社会、环境的共生和共同发展。

另一方面，是政府如何应对数字经济和社会的转型，建立数字政府，为社会创造更大的公共价值。政府作为顶层建筑而存在，所有的政策都要靠政府去推动。因此，政府的数字化转型是一项系统工程，它既是技术变革，也是流程再造的制度变革。

对于我们国家来说，数字政府既是"数字中国"的有机组成，也是驱动数字中国其他要素贯彻执行的引擎。可以说，数字政府的建立对于缩小数字鸿沟、释放数字红利，支撑党和国家事业发展，促进经济社会均衡、包容和可持续发展，提升国家治理体系和治理能力现代化都具有重要意义。

事实上，政府对于社会数字化转型挑战的不同方面的回应，也回应了数字政府发展的不同方面。更好地发挥政府的作用和职能，即运用数字技术进行治理，引入新兴治理技术提升政府治理能力，是运用大数据、云计算、物联网、人工智能等新兴技术，可以为政府治理进行全方位的"技术赋能"。政府在社会数字化转型阶段为社会创造更大的公共价值，即运用数字技术赋权社会，提升政府参与和协同能力的价值。

人工智能赋能数字政府

面向人工智能时代的数字型政府的一个特征，就是数字化治理。

当然，所谓数字化治理不仅是对"数值"的技术化处理，同时也是对传统行政与业务流程的补充，在多项技术连接基础上展开的政府管理创新活动，其中不仅包含了对互联网、物联网、云平台、人工智能机器中所产生的文字、图片、音频、视频等电子信息的数字化处理，更重要的是在数字化转型中融入了公共精神与实践价值。

具体而言，在大数据技术与人工智能的综合作用下，基于海量数据形成了数字型政府运行的基础性资源，再经过数据清洗、归类、转化等程序将数据代入政府行政活动的特定语境系统中，促使政府内部数据的自动化分析与外部环境的语义感知能够实现更好地融合，进而在数字化互动与情景转化中建立起联网知识系统，能够为政府提供一个更贴近现实世界的、精细化的、极富内容的治理模型，驱动政策制定、宏观管理、生产指导、市场监管、社会治理等管理活动呈现出高频实时、预测精准、高效协同的特征，使得"用数据决策、用数据管理、用数据服务、用数据创新"的数字型政府治理模式成为常态。

除此之外，数字型政府的另一个特征，就是政府的平台化。在人工智能发展系统中，越来越多的工作业务移入云端实现平台化已是不置可否的事实，人类行为也随着互联网的接入而处处留痕，这都为推动人工智能基础设施的升级提供了重要养料。

在这样的背景下，人工智能时代的政府如何向平台化方向发展，最终形成一个由政府、NGO、企业、公民等多元主体参与的，利用互联网及其终端设备搭建的平台型政府。

首先，平台型政府是一个跨行业、跨部门、跨区域的信息窗口，各种机构将不再是在一个固定地点工作的人员的分散的集合体，而是联系从事大量经济和社会交往的人的不稳定的通信网络。

其次，未来政府将会是一个资源平台，在这一资源平台，政府能够将各个行业与区域间的资源联结成"一张巨网"，实现公共产品供给侧与需求侧的精准对接。

最后，平台型政府还是一个包含公共文化、交通、生态、社区、农业等要素的集成服务平台。在 5G 时代，移动互联的能力突破了传统带宽的限制，同时时延和大量终端的接入能力得到根本解决，从根本上突破了信息传输的能力，能够把智能感应、大数据和智能学习的能力充分发挥出来，并整合这些能力形成强大的服务体系，渗透至社会管理领域，为全社会群体提供资源联结、开发、组合与再利用的平台，以便政府在不同地域空间中制定更加合理的公共服务供给计划，使人们均等地享有公共服务的机会与权利。

当然，数字政府是一项慢工出细活的系统工程，需要相关主体针对性去设计符合城市发展的顶层思路，围绕政务数据做出最大化创新。但无论如何，起步于 20 世纪 90 年代的数字政府建设，如今在人工智能技术的盛行下，都已经走在了一个关键节点。

3.15 人工智能在服务

数字科技的快速发展正让科幻电影中常见的服务机器人走进现实。如今，在酒店、展厅、餐厅、写字楼、学校等室内外场景中，我们常常可以见到有着不同外形的服务机器人有条不紊地执行接待、配送、消杀等智能化服务。

从代替辅助到创新服务

根据国际机器人联合会（International Federation of Robotics，IFR）的定义，智能服务机器人是指以服务为核心的自主或半自主机器人。服务机器人与工业机器人的主要区别，就在于应用领域不同——服务机器人的应用范围更加广泛，可以从事运输、清洗、安保、监护等工作，但不应用在工业生产领域。而根据应用领域的不同，服务机器人又可分为个人（家庭）服务机器人和专业服务机器人两大种类。个人（家庭）服务机器人包括家政机器人、休闲娱乐机器人以及助老助残机器人，而专业机器人则包括物流机器人、防护机器人、场地机器人、商业服务机器人和医疗机器人（图 3-2）。

虽然不同品类的服务机器人应用场景各不相同，但从产品作用的角度，我们可以分为替代人类、辅助人类、创造新领域三大类。在不同需求类别的服务机器人里，都已经诞生成功落地的案例。

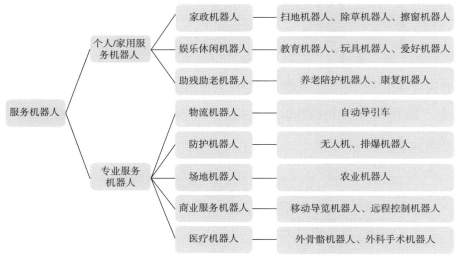

图 3-2　服务机器人分类

数据来源：机器人在线，华金证券研究所

从替代人类的角度来看，在工业化时代，汽车、电子、家电等制造行业的自动化需求拉动了工业机器人的蓬勃发展，再往后，随着第三产业的崛起，医疗、物流、餐饮等服务行业的自动化需求也拉动着相应的服务机器人品类的需求。

在很多领域，服务机器人相较人工具有着不可比拟的优势。首先是经济成本低，在人口老龄化的趋势下，昂贵的人工费已经成为服务行业等企业的巨大负担。其次，在一些重复性劳动中，服务机器人的效率更高。比如，在首尔光华门附近开业的汉堡连锁店 DOWNTOWNER 将配备烤制汉堡肉饼的机器人。汉堡机器人 1 小时可烤制约 200 张肉饼，平均 1 分钟可以烤制 3 张。而熟练员工烤制 1 张肉饼的时间约为 2 分钟，机器人的替代效率显然更高。

更重要的一点是，服务机器人可以承担存在安全风险的工作。这也是为什么在高风险的服务型行业，比如医护、救援、消防等领域，"机器换人"的需求还要更加强烈的原因。比如，可根据医院需求执行递送化验单、药物、食品等工作的配送机器人不仅减少了医护人员频繁接触传染病患者和病毒的可能性，也在一定程度上减轻了医护人员的劳动强度。

从辅助人类的角度来看，这类机器人并不替代人类，而是以协作的形式与人类共存。

最典型的应用就是家庭服务机器人，当前，随着生活节奏的加快，人们希望从烦琐的家务中解脱出来，而家庭机器人的出现使人们的生活更加便利，也满足了人们追求高品质生活的需求。家庭服务机器人被设计用于在家庭环境中提供各种日常生活服务。它们能够帮助家庭成员完成打扫、烹饪、洗衣等家务劳动，并且可以与家人进行简单的对话和互动。一些家庭服务机器人还具备电子商务购物的功能，能够帮助家庭成员进行商品选购和支付，提高家庭生活的便捷性和舒适度。

另一类辅助人类的服务机器人则是陪伴机器人——陪伴机器人以情感识别为特征，聚焦家居陪伴，涵盖儿童陪伴、老人陪伴、宠物陪伴等场景，让机器人有黏性地融合于家庭，成为智慧家居的一部分。其中，儿童陪伴机器人一般具备语音交互能力及知识启蒙作用；老年陪伴机器人多具有视讯通话、认知游戏、音乐视频、健康管理、应急提醒等功能，正作为智慧养老的分支受到政策扶持；宠物陪伴机器人通常具有远程陪伴、自适应反馈、拍摄记录等功能，有助于保持并改善宠物的健康。

对于创造新领域来说，随着行业的发展，服务机器人也开始在"人做不到的事"和"人不愿意做的事"上不断涉水，从而创造出新的需求。比如，一些专业机器人在极端环境和精细操作等特殊领域中的应用，比如达·芬奇手术机器人、反恐防暴机器人、军用无人机等。其中，达·芬奇手术机器人可以辅助医生进行手术，可以完成一些人手无法完成得极为精细的动作，手术切口也可以开的非常小，从而加快患者的术后恢复。而反恐防暴机器人可用于替代人们在危险、恶劣、有害的环境中进行探查、排除或销毁爆炸物，此外还可应用于消防、抢救人质以及与恐怖分子对抗等任务；军用无人机则可应用于侦察预警、跟踪定位、特种作战、精确制导、信息对抗、战场搜救等各类战略和战术任务，在现代军事领域得到了极为广泛的应用。

服务机器人来了

目前，随着基于 GPT 的智能大脑技术获得了突破，服务机器人还在加速发展。我们有望实现的人类梦想中，不仅具有人类语言、逻辑、沟通能力，还拥有理解人类情感、感知人类情感的智能机器人——这将对社会生产和生活的各个方面都产生深远影响。

比如，2023 年 4 月，ChatGPT 的母公司 OpenAI 就领投挪威人形机器人公司 1X Technologies（以前称为 Halodi Robotics），这是 OpenAI 在 2023 年第一次领投机器人相关项目。1X 果然也不负 OpenAI 的期望，在最近举办的一场人形机器人比赛中，1X 出品的 EVE，击败了特斯拉的 Optimus 机器人。而其中，EVE 机器人的部分软件功能就是由 ChatGPT 提供支持，也就是说将 ChatGPT 实体化，已经应用在现实场景中了，并且展现出不弱的实力。

当前，在医疗领域，目前，谷歌和亚马逊都已经出手了。

谷歌声称自己发布了首个全科医疗大模型——Med-PaLM M，不仅懂临床语言、影像，还懂基因组学。而在 246 份真实胸部 X 光片中，临床医生表示，在高达 40.50% 的病例中，Med-PaLM M 生成的报告要比专业放射科医生的更受采纳，Med-PaLM M 用于临床可以说是指日可待。谷歌自己也做出了评价，说这是通用医学人工智能史上的一个里程碑。亚马逊则发布了 AI 医疗应用 HealthScribe，HealthScribe 可以帮助总结医生就诊的情况并创建临床文档，包括转录并分析医患讨论、添加人工智能生成的见解等。

可以说，医疗机器人很快就会真正落地，从问诊机器人到手术机器人，医疗行业将会经历一场全面的 AI 化。这不仅将非常有效地解决当前医生医疗水平之间的差异，还会最大限度地解决就医难的问题。大部分常规疾病的诊断都可以由机器人医生所取代。

未来，基于人形的智能机器人或许还将取代保姆、保安之类的职业，不仅可以充当助手、管家、厨师，还可以为我们提供专业的护理服务。尽管目前的智能大脑还不具备超级智能和自我意识的能力，但这丝毫不影响智能机器人以其强大、专业、友好的知识能力成为我们可信赖的朋友。

可以说，人形机器人将很快走入我们的生活，以后我们不再需要担心养老、不用担心雇保姆、不用担心找不到女朋友或者男朋友，人形机器人统统可以帮助我们搞定。甚至不久后，交警、城管、法官、治安巡逻、厨师之类工作，或许就不再需要人类，统统由人形机器人上岗取代。

在服务领域，人类或许很快就将迎来一个人机协同的时代，人类所到之处，都能看到机器人的身影。

1001101011100001010100101010001011110100010101000011111
1001101011100001010100101010001011110100010101000001
1001101011100001010100101010001011110100010101011110
1001101011100001010100101010001011110100000010101010
1001101011100001010100101010001101010101010101010101
1001101011100001010100101010001011110001011100101011
1001101011100001010100101010010110100101011011101000
1001101011100001010100101010001011110100010101010100
1001101011100001010100101010001011110001010101011110101010
1001101011100001010100101001010101010011110011001001011010
1001101011100001010010110101011000101110000101010101110101010
1001101011010101100101010010101010001010010010010001001001
1001101011001001010101010101100010101010101000101010101
1001101011010101010101001010010100101010001011100111100101011
1001101011100001010100101010001011100001010101010101110101010
1001101011100001010100101010001011110001010100010010101010
1001101011100001010100101100101010010111100010101001010101
10011010111000010101001011010110100010011100101011000010010111
100110101110000100001000001010011001011001010111100101011010010001001
1001101011100001010010101011001010101110010110001101010
1001101011100001001101010110101100101110001010101010101010
1001101010101010101111000101010101001010111000110101010

Chapter
4

第四章

点燃新一轮产业热潮

4.1 人工智能产业链

ChatGPT 的爆发，点燃了人工智能产业热潮。

当前，人工智能正成为新一轮科技革命和产业变革的重要驱动力量，与千行百业深度融合，成为经济结构转型升级的新支点。

从产业链来看，人工智能可划分为基础层、技术层、应用层。基础层主要包括芯片、传感器、计算平台等；技术层则由计算机视觉技术、语音识别、机器学习、自然语言处理等构成；在应用层中，人工智能应用场景较为广泛且多元化，包括在金融、教育、医疗、交通、零售等领域的应用。

4.1.1 基础层：提供算力和数据

基础层是人工智能产业的基础，为人工智能提供算力及数据支撑，主要由芯片、传感器、计算平台等人工智能发展所需的基础设施构成。

芯片是人工智能得以应用的重要硬件设备，也是人工智能产业的制高点。本轮人工智能产业繁荣，缘于大幅提升的 AI 算力，使得深度学习和多层神经网络算法成为可能。人工智能需要根据应用场景的需求选择与之性能相匹配的芯片。按技术架构来看，芯片可分为通用类芯片（CPU、GPU、FPGA）、基于现场可编程阵列（FPGA）的半定制化芯片、全定制化专用集成电路（ASIC）芯片、类脑计算芯片（IBMTureNorth）。

大规模数据量下，传统 CPU 运算性能受限，究其原因，传统 CPU 遵循的是冯诺依曼架构，其核心就是存储程序、顺序执行。随着摩尔定律的推进以及对更大规模与更快处理速度的需求的增加，CPU 执行任务的速度受到限制。GPU 在计算方面具有高效的并行性。用于图像处理的 GPU 芯片因海量数据并行运算能力，被最先引入深度学习。GPU 与 CPU 的设计目标不同，其控制电路相对简单，所以大部分晶体管可以组成各类专用电路和多条流水线，使 GPU 的计算速度有了突破性的飞跃，拥有惊人的处理浮点运算的能力。

FPGA（现场可编程门阵列）是一种集成大量基本门电路及存储器的芯片，最大特点为可编程。可通过将 FPGA 配置文件烧录到芯片中，可以规定门电路和存储器之间的连接方式，从而实现特定的功能。不同于采用冯诺依曼架构的 CPU 与 GPU，FPGA 主要由可编程逻辑单元、可编程内部连接和输入输出模块构成。FPGA 每个逻辑单元的功能和逻辑单元之间的连接在写入程序后就已经确定，因此在进行运算时无须取指令、指令译码，逻辑单元之间也无须通过共享内存来通信。基于此，尽管 FPGA 主频远低于 CPU，但完成相同运算所需时钟周期要少于 CPU，能耗优势明显，并具有低延时、高吞吐的特性。

ASIC 芯片是专用定制芯片，是为实现特定要求而定制的芯片。除了不能扩展以外，在功耗、可靠性、体积方面都有优势，尤其在高性能、低功耗的移动端。谷歌的 TPU、寒武纪的 GPU，地平线的 BPU 都属于 ASIC 芯片。

类脑芯片则是一种模拟人脑、神经元、突触等神经系统结构和信号传递方式的新型芯片，具有高效感知、行为和思考的能力，但由于技术限制，类脑芯片尚处于研发阶段。

在云端的"训练"或"学习"环节，英伟达 GPU 具备较强的竞争优势，谷歌 TPU 亦在积极拓展市场和应用。在终端的"推理"应用领域 FPGA 和 ASIC 可能具备优势。美国在 GPU 和 FPGA 领域具有较强优势，拥有英伟达、赛灵思、AMD 等优势企业，谷歌、亚马逊亦在积极开发 AI 芯片。

继欧美芯片厂商之后，当前，国产芯片厂商亦快速崛起。近两年内，国内涌现了大量自研的芯片类公司，以自研 GPU 的摩尔线程、自研自动驾驶芯片的寒武纪等为代表。摩尔线程于 2022 年 3 月发布了 MUSA 统一系统架构及第一代芯片"苏堤"，摩尔线程的新架构支持英伟达的 cuda 架构。

可以预见，未来几年，全球各大芯片企业、互联网巨头、初创企业都将成为该市场的主要玩家。

传感器是人工智能进行信息接收的重要设备，人与机器的交互需要通过特定的设备来采集数据信息或接收人类指令，目前主要的传感器包括视觉传感器、声音传感器、测距传感器等。

视觉传感器是计算机视觉技术实现的基础，视觉传感器通过获取图像信息或进行人脸识别，能够实现人工智能在医疗、安防等领域的应用，从而减轻人们的工作负担，提高工作效率。声音传感器主要应用于自然语言识别领域，特别是语音识别，通过传感器收集外部声音信息，完成语音指令下达，终端控制等功能。测距传感器是通过对光信号或声波信号的发出和接收时间进行测算，从而检测物体的距离或运动状态，通常用于交通领域和工业生产领域等。

计算平台是将数据和算法进行整合的集成平台，开发者将可能需要的数据和相应的算法、软件集成到平台内，通过平台对数据进行相应处理以达到应用的目的。它是计算机系统硬件与软件设计和开发的基础，也是分发算力的便捷途径。计算平台包括云计算平台、大数据平台、通信平台等多种基础设施，其中，云计算平台可提供基础设施即服务（IaaS）、平台即服务（PaaS）和软件即服务（SaaS）三大类云服务。大数据平台则能完成对海量结构化、非结构化、半机构化数据的采集、存储、计算、统计、分析、处理等步骤。通讯平台面向手机、平板电脑、笔记本电脑等移动设备，为其解决通信需求。

计算平台方面，目前，全球市场被亚马逊、谷歌、阿里、腾讯、华为等公司基本垄断，但小公司的计算平台凭借价格优势仍有生存空间。

4.1.2　技术层：连接具体应用场景的桥梁

人工智能技术层是连接人工智能与具体应用场景的桥梁，这一层级依托于海量数据的挖掘处理与机器学习建模，来进行各种应用技术的开发，从而解决实践中的具体类别问题。计算机视觉、自然语言处理、语音识别、机器学习、深度学习、知识图谱都是这一层级的代表性技术。

技术方向上，计算机视觉与机器学习为主要的技术研发方向。根据ARXIV 数据，从理论研究的角度看，计算机视觉和机器学习两个领域在2015~2020 年发展迅速，其次是机器人领域。2020 年，ARXIV 上 AI 相关出版物中，计算机视觉领域出版物数量超过 11000，位于 AI 相关出版物数量之首。

计算机视觉根据识别对象的不同，可划分为生物识别和图像识别。生物识别通常指利用传感设备对人体的生理特征（指纹、虹膜、脉搏等）和行为特征（声音、笔迹等）进行识别和验证，主要应用于安防领域和医疗领域。图像识别是指机器对于图像进行检测和识别的技术，其应用更为广泛，在新零售领域被应用于无人货架、智能零售柜等的商品识别；在交通领域可以用于车牌识别和部分违章识别等；在农业领域可用于种子识别乃至环境污染检测；在公安刑侦领域通常用于反伪装和采集证据；在教育领域可以实现文本识别并转为语音；在游戏领域可以将数字虚拟层置于真实图像之上，实现增强现实的效果。

机器学习是通过多层非线性的特征学习和分层特征提取，对图像、声音等数据进行预测的计算机算法。近年来，以卷积神经网络（CNN）与深度神经网络（DNN）为主的神经网络算法是近年来发展最快的机器学习算法，因其在计算机视觉、自然语言处理等领域中的优异表现，大幅加快了人工智能应用的落地速度，是计算机视觉、决策智能迅速迈向成熟的关键因素。

值得一提的是，在神经网络算法发展的过程中，Transformer 模型在过去几年里成了主流。Transformer 模型是谷歌在 2017 年推出的 NLP 经典模型。Transformer 模型的核心部分通常由两大部分组成，分别是编码器与解码器。

编码器与解码器主要由两个模块组成：前馈神经网络和注意力机制，解码器通常多一个注意力机制。编码器和解码器通过模仿神经网络对数据进行分类与再次聚焦，在机器翻译任务上模型表现超过了循环神经网络（RNN）和CNN，只需要编码器和解码器就能达到很好的效果，可以高效地并行化。

而基于 Transformer 模型的 AI 大模型，则推动人工智能的泛化应用成为可能。传统的小模型用特定领域有标注的数据训练，通用性差，换到另外一个应用场景中往往不适用，需要重新训练。而 AI 大模型通常是在大规模无标注数据上进行训练，将大模型进行微调就可以满足多种应用任务的需要。2022年爆发的 ChatGPT 的技术本质，正是基于 Transformer 模型的 AI 大模型。可以说，ChatGPT 的成功，也验证了 AI 大模型技术路线的正确性，为人工智能产业化发展开启全新篇章。

当前，以 OpenAI、谷歌、微软、Facebook、NVIDIA 等机构为代表，布局大规模智能模型已成为全球引领性趋势，并形成了 GPT-3、Switch Transformer 等大参数量的基础模型。同时，基于大模型的技术思路，在一些垂直行业正在加速行业垂直模型的研发，尤其是在设计、影视、医疗等行业。可以说，大模型给人工智能提供了一条新的探索思路，将在最大程度上促使人工智能技术的智能化发展。

4.1.3 应用层：解决实际问题

人工智能应用层解决的是实际问题，是人工智能针对行业提供的产品、服务和解决方案。目前在应用端最成熟的技术是语音识别、图像识别等，围绕这些领域，国内、美国都有大量的企业上市，并形成了一定的产业集群。

在医疗健康领域的人工智能产品涉及智能问诊、病史采集、语音电子病历、医疗语音录入、医学影像诊断、智能随访、医疗云平台等多类应用场景。从医院就医流程来看，诊前产品多为语音助理产品，如导诊、病史采集等，诊中产品多为语音电子病例、影像辅助诊断，诊后产品以随访跟踪类为主。综合整个就诊流程中的不同产品，当前人工智能＋医疗的主要应用领域仍以辅助场景为主，取代医生的体力及重复性劳动。人工智能＋医疗的海外龙头企业有 Nuance，公司 50% 的业务来自智能医疗解决方案，而病历等临床医疗文献转写方案是医疗业务的主要收入来源。与此同时，科技巨头也在积极布局人工智能在医疗领域的商业应用。

在智慧城市领域，大城市病和新型城镇化给城市治理带来新挑战，刺激人工智能＋城市治理的需求。大中型城市随着人口和机动车数量的增加，城市拥堵等问题比较突出。随着新型城镇化的推进，智慧城市将会成为中国城市的主要发展模式。而智慧城市涉及的人工智能＋安防、人工智能＋交通治理将会成为 G 端的主要落地方案。

过去，传统安防设备将音视频材料简单记录后，需要大批量人工进行逐一甄别或实时监控。引入人工智能后，算法可以自动将人像及事故场景与预设标签比较，识别出特定人物及事故，充分盘活原有音视频及图像数据。人工智能＋安防可用于市政治安管理，提升智能发现的事件数目，降低事件发生处理平均时长，对警、消、救等各类车辆进行联合指挥调度。也可以用于车站、机场等需要验证信息的特殊场景，减少人工成本及审核时间，提高效率。

人工智能在交通出行领域的应用主要包括智能驾驶、疲劳驾驶预警、车载智能互娱、智慧交通调度等。

智能驾驶是通过系统完全控制或辅助驾驶员控制车辆行驶的技术。其中，高级别辅助驾驶系统（Advanced Driver Assistance System，ADAS）是实现智能辅助驾驶的核心。ADAS 是利用安装于车上的各类传感器，采集车内外的环境数据，并进行识别、侦测与追踪，从而能够让驾驶者在最快的时间察觉可能发生的危险，以引起注意和提高安全性的主动安全技术。

疲劳驾驶预警即 DMS（Driver Fatigue Monitor System），是一种基于驾驶员生理反应特征的驾驶人疲劳监测预警产品。它利用智能摄像头采集驾驶员的视频数据，结合人脸识别算法，准确识别危险驾驶状态，比如疲劳驾驶、分心驾驶等，并及时地给予提醒，以保证驾驶安全。2018 年，多地交通运输部陆续发布通知，推广应用智能视频监控报警技术，该政策直接推动了 DMS 系统在运输车辆上的应用。

智慧交通系统即通过监控获取城市各交通线路的实际车流和拥堵情况，并利用算法全城整合全局信息，通过控制交通信号灯和人工疏导等方式，缓解城市交通拥堵。早在 2016 年，杭州就首次进行城市数据大脑改造，高峰拥堵指数下降至 1.7 以下。目前以阿里为代表的城市数据大脑已经进行了超过 15 亿元的投资，主要集中在智能安防、智能交通等领域。

在智慧物流方面，根据中国物流与采购联合会的数据，2020 年中国智慧物流市场高达 5710 亿元，2013~2020 年的年均复合增长率为 21.61%。物联网、大数据、云计算、人工智能等新一代信息技术既促进了智慧物流行业的发展，又对智慧物流行业提出了更高的服务要求，智慧物流市场规模有望持续扩大。据 GGII 测算，2019 年中国智能仓储市场规模近 900 亿元，而前瞻研究院预计这一数字将在 2025 年达到 1500 亿以上。

智慧零售则是利用人工智能、大数据等新科技为线上线下的零售场景提供技术手段，来实现包括门店、仓储、物流等整个零售体系的数字化管理和运营。其中，在仓储物流、物流环节，主要是由各类实体机器人负责搬运、配送。在交易环节，根据零售交易发生场所可大致分为线上零售和线下零售两类，人工智能在营销、客服、运营优化等多个场景发挥价值。线上零售主要是各类电商，其智能化场景主要有：商品搜索，利用计算机视觉技术实现对线上包括图片、视频等各类商品展示信息的搜索和管理，包括以图搜图、以文搜图等。智能客服，包括在线客服、语音电话客服等，涉及语音识别、语义理解等自然语言处理技术。个性化推荐与精准营销，即充分利用用户在互联网上的活动路径和留存信息结合机器学习算法，为用户提供个性化的产品建议。经营数据分析，将商户的各类经营数据加以整合，通过大数据的分析方法，发掘潜在行业信息，进而为企业的经营决策提供支持。

线下则包括各种小型零售门店、大型连锁商超、无人门店和智能货柜等。Amazon Go 为亚马逊提出的无人商店概念，无人商店于 2018 年 1 月 22 日在美国西雅图正式对外营运。Amazon Go 结合了云计算和机器学习，应用拿了就走技术（Just Walk Out Technology）和智能识别技术（Amazon Rekognition）。店内的相机、感应监测器以及背后的机器算法会辨识消费者拿走的商品品项，并且在顾客走出店时将自动结账，这也成了零售商业领域的全新变革。

4.2 被点燃的 AI 市场

2022 年年底，ChatGPT 横空诞生，上线仅 2 个月，ChatGPT 月活用户就逼近了 1 亿——瑞士银行发布的一份关于 ChatGPT 的研报称，这是互联网领域发展 20 年来，增长最快的消费类应用。实际上，这也是人工智能诞生以来，面向 C 端用户增长最快的速度。

过去，人工智能 C 端产品常常被调侃为"人工智障"，人们尝试一两次就把它遗忘在角落。即使 B 端落地的人工智能，也只是在安防、安全、金融等领域实现了小规模商业化。但 ChatGPT 在短时间内，让 1 亿人群表示出了高涨的热情。

ChatGPT 验证了当前 AI 大模型的巨大商业价值和科研价值。随着以 ChatGPT 为代表的 AI 大模型的爆发，"商业落地"已然成为当前人工智能发展的鲜明主题词。

4.2.1　ChatGPT 出现以前的 AI 市场

人工智能苦于商业化已久。

在 ChatGPT 出现以前，人工智能就已经迈向了商业化之路。不过，尽管当时有许多人工智能技术从开发者和实验室中走出来，并进入到各个行业中，但从人工智能产业向产业人工智能的转型和落地却并非一片美好。

在投资方面，人工智能呈现出了降温态势。据中国信息通信研究院 2019 年 4 月发布的《全球人工智能产业数据报告》，在融资规模方面，2018 年 Q2 以来全球领域投资热度逐渐下降。2019 年 Q1 全球融资规模为 126 亿美元，环比下降 3.08%。其中，中国领域融资金额为 30 亿美元，同比下降 55.8%，在全球融资总额中占比 23.5%，比 2018 年同期下降了 29 个百分点。

此外，人工智能企业盈利也非常困难。以全球著名人工智能企业 DeepMind 为例，其 2018 年财报显示营业额为 1.028 亿英镑，2017 年为 5442.3 万英镑，同比增长 88.9%，但 DeepMind 在 2018 年净亏损 4.7 亿英镑，较 2017 年的 3.02 亿英镑增加 1.68 亿英镑，亏损同比扩大 55.6%。

报告显示，2018 年近 90% 的人工智能公司处于亏损状态，而 10% 赚钱的企业基本是技术提供商。换言之，人工智能公司仍然未能形成商业化、场景化、整体化落地的能力，更多的只是销售自己的算法。

究其原因，在过去，市场对人工智能寄予过高的期望，而实际的产品体验却往往欠佳，人工智能依然停留在智能不智的层面。显然，进入商业化阶段，人工智能不再是需要诺贝尔级别的创新，而是将现有技术产品化、商业化，创造出真正的价值。但由于部分人工智能企业及媒体传播的夸大，导致了人工智能仍然青涩的能力在某些领域存在被夸大的情况。

更直白地讲，过去的人工智能更像是"人工智障"，难以满足人们对人工智能能力、易用性、可靠性、体验等多方面的要求。

而人工智能能够真正商业化处理的还只是对数据或者信息的归类、识别，以及一些简单特定问题的机器回复。比如，以交通事故来说，在全程监控的道路上发生交通事故，人工智能需要的是能够读懂交通的判定法规，依据其全程录制的行车与道路情况作出识别，并依据交通法规作出判定，这样才是人工智能应该有的样子。再比如，在线人工智能客服就是很多人都面临的一个尴尬问题。虽然各种在线平台都推出了人工智能的客户，但是这个人工智能客服更直观的理解是标准化问题的程序性回复，跟人工智能似乎没有什么关系，超出标准化的问题，人工智能就不再智能，而需要人工进行解决。

另外，人工智能的产业生态也不够成熟。人工智能高度依赖数据，但数据积累、共享和应用生态都比较初级，这直接阻碍着人工智能部分应用的实现。比如，数据拥有者往往出于数据安全保密的顾虑而不愿共享数据，使得不同企业、不同机构间难以利用对方的数据进行联合分析或建模。

究其原因，数据具有分散性、低复制成本以及价值聚合性的特点。数据的分散性意味数据持续不断地从各个途径产生，来源分散，缺乏数据授权、获取、存储、传输、验证及共享等交互标准。数据分散性再加上数据极低的复制成本，使得很多情况下，各个数据所有方不愿意、不能够共享数据。因为一旦分享，就失去了对数据的控制权，加上数据互联互通的成本较高，这就形成了"数据孤岛"。

但即使数据能联通，它们的可信程度也存有疑问。同时，数据又具有价值聚合性，即单一数据源的价值有限，多维数据、海量数据的联合应用的价值更高。于是，数据的分散性、低复制成本以及价值聚合性，不断构成矛盾——数据需要聚合才能有价值，但数据却分散成一个个"孤岛"。

显然，商业化需要企业利用人工智能技术来解决实际的问题，并通过市场进行规模化变现，这关系到人工智能的技术能力、易用性、可用性、成本、可复制性以及所产生的客户价值。但受制于技术和产业生态，人工智能的商业化仍然存在一定的"实验室和商业社会的鸿沟"。

4.2.2 AI 产业迎来关键突破

可以说，人工智能想要进一步发展，就需要在技术和产业生态上有所突破，而 ChatGPT 的诞生，就成了这个关键的突破口。

ChatGPT 的经历，用"一夜蹿红"来形容都不为过。一组可以对比的数字是，实现注册用户 100 万，奈飞用了 3.5 年，Facebook 用了 10 个月，但 ChatGPT，只用了 5 天。实现月活用户 1 亿，ChatGPT 也只用了 2 个月。

可以说，ChatGPT 是 2022 年一项重大技术突破，ChatGPT 的出现标志着自然语言理解技术迈上了新台阶，理解能力、语言组织能力、持续学习能力更强，也标志着 AIGC 在语言领域取得了新进展，生成内容的范围、有效性、准确度大幅提升。

从技术角度来看，ChatGPT 嵌入了人类反馈强化学习以及人工监督微调，因而具备了理解上下文、连贯性等诸多先进特征，解锁了海量应用场景。在对话中，ChatGPT 已经会主动记忆先前的对话内容信息——即上下文理解，用来辅助假设性的问题的回复，因而 ChatGPT 也可实现连续对话，提升了交互模式下的用户体验。同时，ChatGPT 也会屏蔽敏感信息，对于不能回答的内容也能给予相关建议。

此外，鉴于传统自然语言处理技术的局限问题，基于大语言模型（LLM）有助于充分利用海量无标注文本预训练，从而文本大模型在较小的数据集和零数据集场景下可以有较好的理解和生成能力。基于大模型的无标准文本书收集，ChatGPT 得以在情感分析、信息钻取、理解阅读等文本场景中优势突出。

训练模型数据量的增加，数据种类逐步丰富，模型规模以及参数量的增加，还会进一步促进模型语义理解能力以及抽象学习能力的极大提升，实现 ChatGPT 的数据飞轮效应——用更多数据可以训练出更好的模型，吸引更多用户，从而产生更多用户数据用于训练，形成良性循环。

实际上，ChatGPT 最强大的功能就是基于深度学习后的"知识再造"。基于此，ChatGPT 可以与搜索引擎配合，用 ChatGPT 帮忙起草文章、用搜索引擎检索资料。比如，记者可以先把想写的新闻选题和要点给 ChatGPT，获得格式与逻辑都比较规范的内容框架，然后利用搜索引擎检索涉及概念或知识点的数据来源，在此基础上修改观点、完善内容，纠正不合理、不精确的表达。

"知识再造"式的问答结果，也形成了 ChatGPT 在人机交互方面的突破，与现有搜索引擎所提供的关联数据出处相比，ChatGPT 在用户体验的人性化和便利性方面有根本提升，工作效率提升方面有极大潜力，因此不仅是简单配合，更有可能引发搜索引擎的模式演变和进化。与此同时，面向通用人工智能的 ChatGPT 大型语言模型，在机器编程、多语言翻译领域的表现同样突出。

ChatGPT 的突破，让基于大数据的知识整合进入了一个新时代，让人工智能技术终于走向了普适性，让市场终于看到了人工智能应用大规模普及的希望，这也会进一步推动产业层的应用。

4.2.3 ChatGPT 的商业化狂想

ChatGPT 的爆火也点燃了中国、美国人工智能产业，人工智能公司全面入局，并引发资本市场震荡。全球范围内的科技巨头都在布局大模型，试图在这一市场分得一杯羹。

其中，OpenAI 推出 ChatGPT 付费订阅版 ChatGPTPlus，每月收费 20 美元，开启产品走向商业化变现道路。华鑫证券计算机首席分析师宝幼琛认为，随着智能客服、教育、医疗、搜索引擎等应用领域不断落地，ChatGPT 将与各行业应用结合后，更多付费商业模式即将落地。招商证券计算机行业首席分析师刘玉萍表示，与传统 AI 技术变现困难不同，ChatGPT 采用 SaaS 订阅的创新收费模式打破了人们对于 AI 技术大多应用于嵌入式项目的固有印象，拓宽了 AI 企业的商业模式。AIGC 商业空间将进一步打开，不仅 B 端用户对 AIGC 技术存在高需求，未来 C 端用户对 AIGC 技术的付费也有望成为常态化，产业链相关企业将迎来价值重估。

除了 OpenAI 外，2023 年 4 月，谷歌 CEO 官宣谷歌大脑和 DeepMind 两大团队合并，组成"Google DeepMind"部门，以应对 ChatGPT 带来的技术冲击以及领导研发谷歌多模态 AI 模型项目等。同一个月，在 RSA 2023 大会上，谷歌宣布推出基于 Sec-PaLM LLM 大模型技术的谷歌云安全 AI 工作台（Security AI Workbench），与微软 GPT-4 版 Security Copilot 竞争。

不只是谷歌，亚马逊也加入了 GPT 战局，推出 AI 大模型服务 Amazon Bedrock 等，阻击基于 GPT-4 的微软云全新大模型云服务方案；马斯克也成立了一家人工智能公司 X.AI，囤下 1 万张英伟达 A100 GPU（图形处理器）芯片，目标要对抗 ChatGPT 和其背后的 OpenAI 公司。

国内方面，2023 年 3 月以来，互联网科技大厂纷纷下场，开启"百模大战"。阿里通义千问、百度文心一言、商汤日日新 SenseNova 体系、华为云盘古、昆仑万维"天工"和京东言犀等大模型产品陆续公布，创新工场 CEO 李开复、前百度总裁陆奇、美团联合创始人王慧文、搜狗创始人王小川、前谷歌科学家李志飞等商业大咖也陆续下场，加入这场大模型竞速中。

与此同时，在 2023 年上半年，围绕着生成式 AI 的一级市场投资潮也疯狂涌现；二级市场上，人工智能板块成为领涨者，但凡与 AIGC 沾边的企业，均获资金追捧。

2023 年 1 月 24 日，微软在其官方博客宣布，已与 OpenAI 扩大合作伙伴关系，微软将向 OpenAI 进行一项为期多年、价值数十亿美元的投资，以加速其在人工智能领域的技术突破。而早在 2019 年、2021 年，微软便已两度注资 OpenAI。

2023 年 2 月，谷歌宣布向 AI 公司 Anthropic 投资 3 亿美元，拿到约 10%的股权份额。据悉，该公司的创始人便来自 OpenAI，其产品也是智能聊天机器人，公司最新投后估值达 195 亿元。

此外，据数据分析机构 PitchBook 的融资报告，2022 年，生成式 AI 公司在美国筹集了约 9.2 亿美元，同比增长 35%。进入 2023 年两个多月，除去微软向 OpenAI 投的数十亿美元，多家生成式 AI 公司已经筹集或正在谈判的金额累计超过 7 亿美元。

在 OpenAI 公司所引爆的大模型技术热潮下，无论是国内还是国际市场上，只要是跟人工智能，尤其是跟大模型相关的公司，都获得了资本的热捧。对应一些人工智能产业链上的初创公司，不仅融资更容易，同时估值也被推到了一个新的高度。同样，在资本市场上也是如此，只要是跟人工智能技术有关的上市公司，其股价都在 2023 年的某个时刻达到了一个新的高度。

而这种资本热潮的背后，其实就是资本对于人工智能时代的畅想，对基于人工智能技术所带来的商业变革充满着期待。

4.2.4 AI 商业化落地依然有限

基于 ChatGPT 的大模型技术让我们看到了机器智能实现的可能性，改变了我们过往对于机器那种智障式智能的认知，也由此点燃了人工智能万亿赛道，互联网科技巨头纷纷入局，资本领域呈现一片躁动与狂欢。然而，在 ChatGPT 诞生的几个月后，ChatGPT 网页的流量入口开始告别高速增长奇迹，而逐步趋于放缓。

根据分析机构 SimilarWeb 的数据，先是 ChatGPT 的网页访问量开始遭遇增速放缓，虽然 2023 年 5 月全球访问量依然达到 18 亿次，但是环比增速仅 2.8%。

具有同样大模型内核的 Bing 也遇到了相同的问题，来自 SimilarWeb 的数据洞察显示，2023 年 2 月引入 GPT-3.5/4 模型的 Bing，在 3—5 月的自然搜索关键词中，用户使用代表大模型版本的 New bing 等关键词搜索进入的自然流量，合计大幅下滑 56.84%。反之，传统的搜索引擎相关的自然流量关键词正在回归。这也一定程度意味着，大模型能力赋能的搜索引擎并没有那么好用。

以市场份额为例，New bing 所代表的大模型增速期望不断落空，2023 年 3 月市场份额是 2.86%，5 月下滑至 2.77%，回归到正常的市场波动区间。

ChatGPT 的网页访问量增速放缓背后，指向的其实是人工智能商业化的问题。简单来说，即使是有 ChatGPT，人工智能的真正商业化落地应用依然非常有限，除了我们所熟悉的 Midjurney、RunWay，以及谷歌的 AlphaFold、亚马逊的 GPT 医疗之外，目前还没有真正出现一些具备商业落地应用能力的 AI 工具。包括自动驾驶在内，目前也还没有真正地进入 AI 驾驶的阶段。

而对于科技巨头所追捧的 AI 大模型，更是进入了一个冷静期。可以说，最终，99% 的生成式大语言模型都会失败，能够成功的只有 1%。

究其原因，一方面是一旦通用人工智能形成之后，比如微软的 Windows、谷歌的安卓系统、苹果的 IOS 系统以及大数据检索工具谷歌、百度，这些平台型的通用技术一旦形成，市场一定会快速地进入马太效应，最后一定是形成一家独大与垄断的局面。另一方面，生成式大语言模型目前已经面临着非常重大的挑战，也就是在机器自我生成内容的这种优势下，面临着各种虚假信息的生成，也就是人工智能幻觉的问题。如果这个问题不能得到有效的解决，生成式大语言模型就无法进入通用人工智能的阶段。

从人工智能产业的角度来看，不可否认，我们从 ChatGPT 这次技术的突破已经看到了人工智能大规模商业化的现实可能，但目前我们也确实还只处于一个人工智能的应用起步阶段，或者说人类即将进入人工智能时代的一个初期阶段。而如何通过人工智能赋能当前的各种职业，进行效能的有效提升，将会是接下来人工智能产业的重点。

4.3 巨头狂飙，布局与入局

4.3.1 OpenAI：手握 ChatGPT 的变现底气

在全球一众人工智能科技巨头里，作为 ChatGPT 的母公司，OpenAI 无疑是最受关注的那一个。

ChatGPT 的诞生给 OpenAI 带来最直接的改变体现在公司盈利上。其实，在 ChatGPT 问世前，OpenAI 还是一家亏损中的公司。就 2022 年来说，OpenAI 公司净亏损还高达 5.4 亿美元。并且随着用户增多，算力成本增加，损失还在扩大。但 ChatGPT 的爆红却一下子打破了 OpenAI 亏损的僵局，OpenAI 的估值也随之暴涨高至 290 亿美元，比 2021 年估值 140 亿美元翻了一番，比七年前估值则高了近 300 倍。

当然，这种巨大的投资收益背后也伴随着巨大的风险，以及十年磨一剑的执着，曾经就连马斯克都在半途中放弃而退出。在以 ChatGPT 的人工智能应用引爆了人类社会之后，OpenAI 的收入渠道也开始丰富化，其投资版图的前瞻性，确实让 OpenAI 具有高估值的底气。在今天，OpenAI 的潜在商业模式甚至很难找到直接的比较对象，因为它同时包含了很多东西：订阅费、API 以及平台，更重要的是基于 AGI，也就是通用人工智能所带来的无限想象力。

单从订阅费来看，2023 年 2 月，OpenAI 公司宣布推出付费试点订阅计划 ChatGPT Plus，从美国开始，将逐步向所有用户推出付费订阅方案，定价每月 20 美元。付费版功能包括高峰时段免排队、快速响应以及优先获得新功能和改进等。而仅仅是订阅费，都将是 OpenAI 一笔可观的收入。因为，ChatGPT 仅用 2 个月时间，就达到了 1 亿月活跃用户量的惊人数字。如果用最低的收费标准来看，假设有 10% 的人愿意付费使用，就已经给 OpenAI 带来了 24 亿美元的潜在年收入了。

从 API 来看，在 OpenAI 未开放 API 之前，人们虽然能够与 ChatGPT 进行交流，但却不能基于 ChatGPT 进一步开发应用。

而 2023 年 3 月 1 日，OpenAI 官方则宣布，开发者可以通过 API 将 ChatGPT 和 Whisper 模型集成到他们的应用程序和产品中。5 个月后，8 月 23 日，OpenAI 进一步推出 GPT-3.5 Turbo 微调功能并更新 API，使企业、开发人员可以使用自己的数据，结合业务用例构建专属 ChatGPT。微调功能是目前企业应用大语言模型的主要方法，例如，法律领域的 Spellbook、律商联讯、Litera、Casetext 等，它们通过自己积累的海量法律数据在 GPT-4 模型上进行微调、预训练构建法律领域的专属 ChatGPT，使其回答的内容更加聚焦、安全、准确。

今天，围绕着 OpenAI 的 API 已经出现了许多新产品，许多现有产品也在围绕着 OpenAI 的 API 进行重构。与大多数提供非核心功能的 API 不同，OpenAI 的 API 是许多此类产品体验的核心。有了 OpenAI 的 API，就意味着写几行代码，你的产品就可以做很多非常聪明的人能做的事情，比如当客服、搞科研、发现药物配方或辅导学生等。

从短期来看，这对产品开发者来说是件好事，因为他们会获得更多的功能以及更多的用户，但从 OpenAI 的角度来看，几乎所有开发者都需要依赖 OpenAI 来实现其核心功能，这也意味着 OpenAI 不仅能得到一笔不菲的 API 许可费，还可以无条件地获得了更多的注意力、覆盖面以及影响力。因为任何产品，无论是大公司还是小公司的产品，本质上都变成了 OpenAI 的用户。

OpenAI 正在成为一个平台并建立起自己的应用商店，手握 ChatGPT 的 OpenAI 几乎无处不在：搜索、发现、旅行计划、餐厅预订、礼品购物、撰写初稿、研究等。当然，值得一提的是，ChatGPT 更新 API 或者是 GPT-3.5 Turbo 微调功能，都只是其商业化的一小步。

回到当下，OpenAI 仍是一家亏损中的创业公司，并仍然面临商业化的难题，这也是 ChatGPT 母公司 OpenAI 目前面临的现实挑战。因为通往通用 AI

的路，是一条烧钱之路，一直依靠融资来发展，显然不是一种可持续的方式。更何况在融资的过程中，也需要有相关的数据与愿景让投资者看到，在未来实现商业变现的可能性。

因此，无论是推出会员订阅还是更新 API，这些都是 GPT 商业化的必然模式。当然，这也是所有互联网企业的常规模式。从这个角度来看，OpenAI 的商业化之路，依然是互联网的传统模式，OpenAI 的商业化还需要更多的创新。

4.3.2 微软：在 AI 领域里优先占据一席之地

在本轮 ChatGPT 掀起的商业狂潮中，微软是离 ChatGPT 及其母公司 OpenAI 最近的科技巨头。也是凭借与 ChatGPT 的深度绑定，微软才能成为这场激战中的大赢家之一，就连一直都是微软对手的谷歌都在这场激战中落了下风。

基础扎实的微软

从微软的布局来看，人工智能的基础建设主要集中在数据、算力和算法上，而微软在人工智能基础建设本身，就具有雄厚实力。

在数据端，微软本身拥有大量的全球数据，包括来自 Bing 搜索、Office365、Azure 等产品和服务的数据。并拥有自己的数据库产品，包括 SQL Server、Azure SQL 等，以及微软全新发布 Microsoft Fabric 一站式数据分析平台。其中，Microsoft Fabric 整合了数据工程、数据整合、数据存储、数据科学、实时分析、应用可观测性和商业智能服务，并将他们都连接到一个被称为 OneLake 的数据仓储中。

在算力端与芯片方面，目前，微软已经和英伟达进行了深度合作，为 ChatGPT 构建了超过 1 万枚英伟达 A100 GPU 芯片的 AI 计算集群。微软也已经拥有了自己的芯片设计团队，负责为其云计算、边缘计算、物联网和人工智能等领域开发定制芯片。微软正在开发自己的 AI 芯片，命名为"雅典娜"（Athena），预计微软将在 2024 年之前将"雅典娜"提供给内部和 OpenAI 使用。

服务器方面，微软拥有全球最大的云基础设施之一，覆盖 60 个区域和 140 个国家和地区。微软在服务器设计和部署方面也有着丰富的经验和创新能力，如 Project Natick、Project Olympus、Project Cerberus 等。短期微软大概率要投入更多的开支在服务器上。

云计算方面，微软凭借 Azure 云服务快速崛起，市场份额稳步扩大，目前已处于第二的位置。这为微软积累了强大的算力基础，可大规模支撑各类 AI 工作负载。经过十余年的发展，Azure 能为客户提供从基础架构和数据管理到行业领先的 AI 和物联网（IoT）的云服务。目前 Azure 汇集的产品和云服务超过 200 种，开发者利用所选的工具和框架，可实现在多个云中、在本地以及在边缘生成、运行和管理应用程序。

此外，微软推出了 Azure AI 平台，为开发者提供了一系列的 AI 工具和服务，包括 Azure 认知服务、Azure 机器学习、Azure 数据工厂等，帮助开发者快速构建、训练和部署 AI 解决方案。

模型即应用方面，微软则推出了 Azure OpenAI 服务，使开发者能够在云平台上直接调用 OpenAI 模型，构建最先进的 AI 应用。微软官方表示，目前已经有超过 4500 家企业客户采用 Azure OpenAI 服务。在 Build 2023 大会上，微软推出了一系列 AI 开发工具和功能：Azure AI Studio、Azure AI Content Safety、Azure Machine Learning 工具和 Azure Machine Learning Prompt flow，帮助开发者训练、检查、评估、调整模型。

最后，在算法端，微软利用其在人工智能领域的领先研究和技术以及和 OpenAI 的合作，在语言理解、语音识别、计算机视觉、自然语言生成等方面开发了多种高性能的 AI 模型和应用。并将其 AI 技术应用到了其旗下的产品和服务中，如 Bing 搜索引擎、Edge 浏览器、Windows 操作系统、Office 办公套件等。

结合自身，商业化迅速

在众多企业还在为 ChatGPT 感到震惊的时候，微软就已经将 AI 技术落地到具体场景，并开始 AI 的商业化进程。

一直以来，微软和谷歌短兵相接的主战场就是搜索领域。其中，市值 1.4 万亿美元的谷歌公司，2022 年从搜索这块业务，获得了 1630 亿美元的收入，占谷歌总营业额的 57%。谷歌的整个广告部门产生了 2240 亿美元，占所有收入的 79%。十多年来，微软一直使出浑身解数，试图与谷歌竞争搜索引擎市场，但微软 Bing 的全球市场份额一直保持在较低的个位数。毫无疑问，在大数据搜索领域运营了 20 多年的谷歌，已经在大数据搜索领域建立了绝对的垄断地位，我们从一组数据中就能非常清晰地看出，在传统大数据搜索领域中谷歌市场占有率高达 91%，而 Bing 只有微不足道的 3%。

但这一局面却在 ChatGPT 的冲击下，短时间之内被微软逆转。2023 年 2 月 8 日凌晨，微软发布会在华盛顿召开，由 ChatGPT 提供支持的全新搜索引擎必应 Bing 和 Edge 浏览器正式亮相。微软市值，也在一夜间涨超 800 亿美元（约 5450 亿元人民币），达到五个月来新高。而 2023 年 4 月份微软公布 GPT-4 加持后的首份财报，Azure 云业务、Bing 搜寻、Office 靠着 ChatGPT 都大获全胜，尤其是微软搜索引擎 Bing 和新闻广告营收同比增长 10%，均超出分析师预期。

基于 ChatGPT 的搜索技术，对传统的大数据搜索巨头谷歌、百度等带来了巨大的冲击与挑战，因为传统搜索引擎的核心是在海量信息中进行检索和集合，而非信息创造。但 Bing+ChatGPT 的组合却带来了 "AI 生成内容" 的全新产品形态，可以说，整合了 ChatGPT 的新 Bing 以及新版 Edge 网络浏览器集搜索、浏览、聊天于一体，也给人们带来前所未有的全新体验：更高效的搜索、更完整的答案、更自然的聊天，还有高效生成文本和编程的新功能。

此外，2023 年 3 月，在 GPT-4 重磅发布后不久，微软还官宣正式把 GPT-4 模型装进了 Office 套件，推出了全新的 AI 功能 Copilot 系统。在微软新推出的 Copilot 全系统中，GPT-4 将负责 Word、Excel、PPT 等办公软件和 Microsoft Graph 的 API 的相互调用，这意味着，我们与电脑的交互方式迈入了新的阶段，真正开启了 AI 协同人类办公的一个时代。

当然，对于微软来说，Copilot 意义当然不限于传统 Office 这几个软件，而是将整个微软办公生态全部打通，邮件、联系人、在线会议、日历、工作群聊等，所有数据全部接入大语言模型，构成新的 Copilot 系统。在线会议开到一半，AI 就能实时做出总结，甚至指出哪些问题还未解决，接下来需要继续讨论。可以说，AI 驱动下的 Office 让微软更上了一层楼。

总的来看，微软从布局整个人工智能基础层，到结合自身迅速实现人工智能商业化的这一通操作，让微软在人工智能领域里已经优先占据一席之地。微软的成长与未来，值得我们期待。

4.3.3 谷歌：仍是 AI 浪潮中的超级玩家

在微软成为 ChatGPT 商业激战大赢家的同时，全世界的目光也都转向了硅谷一哥——谷歌。在人工智能领域，谷歌不仅积累深厚经验，布局也同样完善。

早在 2017 年 GoogleIO 上，谷歌 CEOSundarPichai 就提出谷歌发展战略从 MobileFirst 到 AIFirst。自此，人工智能逐步成为谷歌战略版图中最重要的一块。为了实现这一战略目标，谷歌在深度学习框架、算法模型、算力等多个方面展开了布局，并已经构建起了较高的技术壁垒。其中，在深度学习框架上，谷歌从 2011 年开始研发 DistBelief 机器学习系统，在其基础上推出的 Tensorflow 一度成为最流行的深度学习框架。算法模型方面，谷歌和

DeepMind 聚集着全世界最优秀的人工智能算法专家，推出了包括 AlphaGo、Transformer 等对人工智能行业发展具有奠基性作用的模型。尤其是谷歌的 DeepMind，更是深度学习浪潮中的引领者。

DeepMind 成立于 2010 年 9 月，在 2014 年被谷歌收购，公司总部位于伦敦，在加拿大、法国、美国都设有研究中心。2015 年，它成为谷歌母公司 AlphabetInc. 的全资子公司，以发展通用人工智能（AGI）作为目标，持续研发革命性技术引领人工智能发展。于 2016 年推出的 AlphaGo 是 DeepMind 的第一个代表作，AlphaGo 打败人类围棋冠军，也让全世界第一次直观感受到 AI 的强大之处，成为 AI 技术走向新一轮高峰的重要标志，也进一步推动了第三轮 AI 发展的浪潮。

在 AlphaGo 大获成功后，DeepMind 又转向了生物领域，开发了能够预测蛋白质结构的 AlphaFold。要知道的是，在过去的半个多世纪，人类一共才解析了五万多个人源蛋白质的结构，仅占人类蛋白质组的 17%，而 AlphaFold 的预测结构将这一数字从 17% 大幅提高到 58%。此外，DeepMind 还接连推出了 AlphaZero（下棋）、AlphaCode（代码写作）等 AI 领域内的重要技术成果。这些成果不仅发表在顶级的学术期刊上，同时也收到了业界的广泛关注和认可。

甚至就连 ChatGPT 的技术路线 Transformer，也是谷歌率先提出的，在当时，谷歌所推出的这个最初的 Transformer 模型在翻译准确度、英语句法分析等各项评分上都达到了业内第一，成了当时最先进的大型语言模型。

算力方面，谷歌从 2016 年推出 TPUv1 开始布局 AI 模型算力，其最新一代 TPUv4 的算力水平全球领先，同时还通过推出 EdgeTPU 和 CloudTPU 实现对于更广泛场景的算力支持。并且，根据 Gartner CIPS 报告，谷歌云平台（GCP）还是仅次于 AWS 和微软的云服务"领导者"——其在广泛的使用场景中都展现出强大的性能，并且在提高边侧能力方面取得了重大进展。通过扩展云平台能力和业务的规模和范围以及收购相关公司，谷歌逐步成为领先的 IaaS 和 PaaS 提供商。

尽管面对 ChatGPT 的冲击，谷歌遭到了严峻的挑战：ChatGPT 横空出世，让谷歌第一次拉响了"红色代码"警报，红色警报是当谷歌核心业务受到严重威胁的时候才会发出的警报。ChatGPT 让搜索引擎不只是搜索引擎，而成为一种更具智慧且个性化的产品。面对 ChatGPT 的爆发，谷歌只能一面加大投资，另一面紧急推出对标 ChatGPT 的产品。2023 年 2 月 6 日，谷歌母公司宣布将推出聊天机器人"巴德"（Bard），不幸的是，谷歌在首次发布 Bard 时就产生了 Bug，在发布会的在线演示视频中犯了一个事实性错误。这一错误也导致谷歌当日开盘即暴跌约 8%，市值蒸发 1020 亿美元，将近 7 千亿元人民币。

但其实，在人工智能领域，谷歌的成绩并不输于任何一家科技巨头。甚至，谷歌曾经也有机会走 ChatGPT 的这条路，因为在聊天机器人领域，谷歌并非处于下风。早在 2021 年 5 月，谷歌的人工智能系统 LaMDA 一亮相就惊艳了众人。在 2022 年 6 月，谷歌的工程师 BlakeLemoine 还声称和 LaMDA 聊出了感情，并坚信它不仅已经有了八岁孩子的智力，而且是"有意识的"。

但可惜的是，谷歌最终并没有选择这条路，当然，这不难理解，一方面，长期以来，谷歌坚持的就是使用机器学习来改进搜索引擎，并提供谷歌云技术作为服务。另一方面，谷歌担心由于 AI 聊天机器人还不够成熟，可能会犯一些错误而给谷歌带来"声誉风险"。最终的结果，就是谷歌也没料到 ChatGPT 这样的大语言模型，在商业上带来的会是一种颠覆性的创新。

当然，谷歌很快又发布了最新大模型 PaLM 2，将支持其 AI 聊天机器人 Bard。PaLM 2 有多种规格可供选择，分别为 Gecko（壁虎）、Otter（水獭）、Bison（野牛）和 Unicorn（独角兽）。其中，Gecko 属于非常轻量级，即使离线也可以在移动设备上运行。

PaLM 2 在特定领域的知识上进行了微调。以医疗为例，SEC-PaLM 是一个针对安全用例进行微调的版本；Med-PaLM 2 则是一个针对医学知识进行微调的版本。根据 Alphabet 的首席执行官桑达尔·皮查伊（Sundar Pichai）的说法，"Med-PaLM 2 与基本模型相比，减少了 9 倍的不准确推理，接近临床医生专家回答相同问题的表现"。皮查伊说，Med-PaLM 2 已经成为第一个在医疗执照考试式问题上达到专家水平的语言模型，使其成为当前最先进的语言模型。

结合强大的编码功能，PaLM 2 还可以帮助开发人员在世界各地进行协作。北美的开发人员与韩国的同事一起调试代码，可以让 PaLM 2 来修复错误，并在代码中添加韩文注释。与此同时，SEC-PaLM 对安全用例进行了微调，利用人工智能更好地检测恶意脚本，帮助安全专家了解并解决威胁。

谷歌曾引领了上一轮人工智能算法的发展，尽管在新一轮人工智能浪潮中，谷歌面临着更多的挑战，但显然，谷歌仍是其中的超级玩家。

4.3.4 英伟达：AI 芯片第一股

在新一轮人工智能爆发的同时，有一个科技巨头正在闷声发财，那就是英伟达。

2023 年 1 月 3 日——美股第一个交易日，英伟达的收盘价为 143 美元，一个月后的 2 月 3 日，英伟达股票的收盘价已经高达 211 美元，一个月涨了47%。华尔街分析师预计，英伟达在 1 月的股价表现预计将为其创始人黄仁勋增加 51 亿美元的个人资产。根据彭博社的亿万富翁指数显示，黄仁勋更是成为 2023 年美国亿万富翁中个人财富增加最多的人。

众所周知，ChatGPT 发展的核心三要素就是模型、数据与算力，而算力的基础就是 AI 芯片，如果造不出顶级 AI 芯片，就没有足够的算力提供给ChatGPT。毕竟人工智能产品想要做得更智能，就需要不断地训练，算力就是训练的"能量"，或者说是人工智能智商的核心，是驱动 AI 在不断学习中慢慢智能的动力源泉。而英伟达在 AI 芯片已经布局已久。

从架构方面来看，AI 芯片主要分为：GPU、FPGA（现场可编程门阵列）、ASIC（专用集成电路）。而英伟达在 1999 年发明了全球第一款 GPU，并利用 GPU 创建了科学计算、人工智能、数据科学、自动驾驶汽车、机器人技术、AR 和 VR 的平台，是目前全球最大的独立 GPU 供应商。GPU 具有大量运算单元，非常适合并行运算，能够大幅提高计算效率。

凭借在 GPU 行业的深厚积累，英伟达通过去掉传统 GPU 图像渲染单元、优化计算能力，先后推出了多款训练、推理 AI 芯片，并且借助 CUDA 构建的"护城河"将硬件、软件、系统、算法、库以及终端应用进行一体化整合。结果就是，英伟达的芯片擅长并行处理，可以使计算机"读懂"大量数据，并训练软件做出决策。

目前来看，在 AI 芯片行业，英伟达已成为全球龙头企业。根据 IDC 数据，2022 年公司在全球企业级 GPU 市占率达到 91.4%，同时根据产业链调研，英伟达在中国的 AI 芯片市占率超过 90%，可以说形成了绝对垄断的地位。

作为 AI 芯片的龙头企业，在 ChatGPT 的掘金赛道上，英伟达就像是"淘金热中卖水"的角色。具体来看，ChatGPT 至少导入了 1 万颗英伟达高端 GPU，总算力消耗达到了 3640PF-days（即假如每秒计算一千万亿次，需要计算 3640 天），从这一层面来说，ChatGPT 的成功其实也离不开英伟达提供的底层芯片算力支持，而英伟达也从 ChatGPT 的成功中获得了巨大的利益。

尽管英伟达官方对 ChatGPT 没有任何表态，但花旗分析师表示，ChatGPT 将继续增长，可能会进一步导致整个 2023 年图形处理器芯片的销售额增加。值得一提的是，ChatGPT 作为明星产品，引发的是全社会对于生成式 AI 和大模型技术的关注，现在，对于芯片用量的更大需求、芯片规格的更高要求，已经成为明朗的趋势。

这也对英伟达带来了挑战，一方面，当 ChatGPT 发展到成熟期，其算力底座有可能从英伟达独占鳌头的局面逐渐向"百家争鸣"的割据战倾斜，从而压缩英伟达在该领域的盈利空间。

另一方面，ChatGPT 的爆发对算力提出了越来越高的要求，然而，受到物理制程约束，算力的提升依然是有限的。未来，量子计算有望代替经典计算，彻底打破当前 AI 大模型的算力限制，促进 AI 的再一次跃升。目前，谷歌、IBM 以及来自中国的潘建伟教授的团队已经在量子计算技术方面获得了一定的优势，但英伟达在量子计算方面并无明显优势，而英伟达要想在人工智能时代继续保持优势，必然要在量子计算技术方向上构建新的竞争优势。

4.3.5 亚马逊：押注 AI 基础设施

面对 ChatGPT 的爆发，在图像和文本生成这样的 C 端场景中，亚马逊的优势似乎不太明显。但在人工智能基础设施方面，亚马逊云科技（AWS）却展示出了强大的能力。众所周知，要把大模型转化为生产力，AI 模型、算力和数据会是难以逾越的门槛，亚马逊云科技就是这样的人工智能基础设施。

亚马逊作为一个典型的平台型企业，一直以来，都把重点放在为用户提供公有云服务，如计算、存储、网络、数据库等上面，几乎不接触层应用，而是把空间留给合作伙伴。实际上，亚马逊云科技也是亚马逊最大的商业竞争力，目前，亚马逊云科技已成长为全球最大的公有云平台。

当前，亚马逊云科技拥有遍及全球 27 个地理区域的 87 个可用区，覆盖 245 个国家。在市场占有率层面，亚马逊云科技占据全球公有云市场的 1/3 以上；在产品服务层面，亚马逊云科技是全球功能最全面的云平台，提供超过 200 项功能齐全的服务，而且每年推出的新功能或服务数量飞快上涨；在用户及生态层面，针对金融、制造、汽车、零售快销、医疗与生命科学、教育、游戏、媒体与娱乐、电商、能源与电力等重点行业，亚马逊云科技都组建了专业的团队，这使得亚马逊不仅拥有数百万客户，还拥有最大且最具活力的社区。

2023 年 4 月，亚马逊云科技发布"Amazon Bedrock"，正式加入大模型军备竞赛。训练大模型是一件费时费力的事，Amazon Bedrock 旨在让所有人都可以基于已有的大模型、专用的 AI 算力和工具，再结合自己的数据开始构建生成式 AI 应用，这就是 Amazon Bedrock "基石"名字的由来。

Amazon Bedrock 是使用基础模型构建生成式 AI 应用的快捷方法，借助其无服务器化的体验，人们可以轻松找到合适的基础模型，使用自己的数据进行定制，并快速将新工作集成部署到已有应用中，在这个过程中无须管理任何算力基础设施。

目前，亚马逊云科技的平台上，很多企业已进行了成功的尝试。Eclix Tech 是一家国际智能营销服务商，通过用生成式 AI 帮助进行内容分发，他们在电商视觉产品上降低了 50% 成本，提升了 35% 效率，同时还有 45% 点击率提升。由原 OpenAI 研究者们成立的 Anthropic 提出的 Claude 也背靠亚马逊云科技提供的云服务，其能力可以执行一系列对话和文本处理任务。

在 Amazon Bedrock 上选好模型，写好代码之后，人们可以使用高性能基础设施来训练和运行自己的模型，包括亚马逊云科技 Inferentia 支持的 Amazon EC2 Inf1 实例、亚马逊云科技 Trainium 支持的 Amazon EC2 Trn1 实例以及英伟达 H100 Tensor Core GPU 支持的 Amazon EC2 P5 实例。

在数据层面，亚马逊云科技构建了端到端云原生的数据战略，让人们可以更便捷、安全地获取数据洞察。利用去年发布的 Amazon DataZone，人们可以更快、更轻松地对存储在云端、客户本地和第三方来源的数据进行编目、发现、共享和治理，同时提供更精细的控制工具，管理和治理数据访问权限，确保数据安全。

此外，客户还可以使用 Amazon SageMaker 构建、训练和部署自己的模型，或者使用 Amazon SageMaker Jumpstart 部署时下流行的基础模型，包括 Cohere 的大语言模型、TII 的 Falcon 40B 和 Hugging Face 的 BLOOM。

在基础模型、框架和算力之上，还有直接帮助开发者的工具。Amazon CodeWhisperer 是人工智能驱动的代码生成服务，经过了数十亿行公开可用的开源代码和亚马逊云科技自身代码库的训练，它可以仅通过自然语言提示或按钮的指令自动生成 Java、JavaScript、Python 等 15 种语言的代码。

在使用 Amazon CodeWhisperer 时，AI 会从其他的源代码中提取有用的资源以生成新代码，这让它能够符合特定开发人员的习惯。在 AI 生成代码后，我们可以让它自动检查软件许可，进而让代码直接可用。

此外，2023 年 9 月，亚马逊还宣布，与人工智能初创公司 Anthropic 宣布达成战略合作协议，亚马逊计划向后者投资至多 40 亿美元，以加强其在 AI 领域与微软、谷歌等公司的竞争能力。亚马逊将初步投资 12.5 亿美元，收购 Anthropic 的少数股权，达到特定条件后，未来可以将投资总额增加到 40 亿美元。

Anthropic 由著名的人工智能研究人员达里奥·阿莫迪（Dario Amodei）和 OpenAI 的前首席科学家伊利亚·苏茨克维（Ilya Sutskever）创立，是一家新兴人工智能初创公司，率先致力于开发更符合人类理解和控制的 AI 系统。该公司一直在努力使人工智能更具可解释性和稳健性，旨在创建不仅可以推理，还可以为其行为或决策提供解释的模型，促进人与机器之间更顺畅、更直观的交互。Anthropic 的 Claude 聊天机器人则是 ChatGPT 强劲的竞争对手。

亚马逊对 Anthropic 的这笔投资，很容易让人想到微软与 OpenAI 达成的协议。双方在合作协议中，Anthropic 将使用亚马逊的云计算平台及其专用人工智能芯片来创建其模型。具体为：亚马逊 AWS 将成为 Anthropic 的"主要"云提供商，提供"关键任务工作负载"；Anthropic 将使用大量 Trainium 芯片来训练其基础模型的未来版本。而在几个月前，Anthropic 还表示将在谷歌的芯片上训练其模型并使用其云计算平台。

可以看到，人工智能市场上，除了在大模型方向展开的竞争，在人工智能基础设施上，竞争也同样激烈。而亚马逊已经准备好了。

4.3.6　百度：冲刺首发中国版 ChatGPT

百度作为中国领先的人工智能技术公司，同时也是最大的中文搜索引擎之一，是国内第一个冲刺国产版 ChatGPT 的公司。在声势浩大的宣传下，承载着万众的期盼和好奇，"百度文心一言"终于在 2023 年 3 月 16 日正式亮相。

百度文心，十年磨一剑

在中国众多科技大厂中，百度是最早针对 ChatGPT 做出明确表态的公司之一，也是中国最早布局人工智能的公司之一。如果说 AI 技术革新是未来几十年内最大的风口，那么，百度无疑是站在风口上的先行者。以 2013 年建立美国研究院为起点，百度在 AI 领域已深耕十年，并且仍在持续增加研发投入。

财报显示，2020 年，百度在人工智能领域的核心研发费用占收入比例达21.4%，2021 年，百度核心研发费用 221 亿元，占百度核心收入比例达 23%，研发投入强度持续位于全球大型科技公司前列。相较而言，2022 年前三季度，阿里、腾讯、美团的研发投入占比分别约为 15%、10% 和 8%。作为一家技术公司，百度过去十年累计研发投入超过 1000 亿元。

百度对 AI 的投入大体可分为两个阶段。2013~2015 年，是百度的招兵买马和确定技术方向阶段。2013 年，百度在硅谷成立百度美国研究院，它的前身则是 2011 年开设的百度硅谷办公室。同年，百度在中国建立深度学习研究院，李彦宏亲自任院长。中美两个研究院吸引了斯坦福大学计算机科学系教授吴恩达、慕尼黑大学博士、NEC 美国研究院前媒体研究室主任余凯等人。

2016 年之后，百度进入一个探索 AI 技术产品化和商业化的阶段，AI团队陆续拿出两大成果：2015 年 9 月，百度推出人工智能语音助手度秘（DuerOS），用户可以和度秘对话、聊天，当时机器的聊天还不像现在这么顺畅自如。年底，百度成立自动驾驶事业部，时任百度高级副总裁的王劲任总经理，次年 4 月，Apollo 计划发布，瞄准全无人驾驶。

2017 年初，在李彦宏力邀之下，微软前全球执行副总裁陆奇加入百度。同年，百度把 AI 提升为公司战略，提出 All in AI，百度深度学习研究院、自然语言处理、知识图谱、语音识别、大数据部门等核心技术部门被整合成了 AI 技术平台体系（AIG），由时任百度副总裁王海峰负责；自动驾驶事业部被升级为智能驾驶事业群（IDG）。

在 2023 年百度 Create 大会暨百度 AI 开发者大会上，李彦宏提到，百度是如今少有的同时具备人工智能四层能力的公司，这包括芯片层的昆仑 AI 芯片、框架层的飞桨深度学习框架、模型层的文心大模型和应用层的搜索、自动驾驶、智能家居等产品。

芯片层方面，百度是中国第一批自研 AI 芯片的互联网公司。百度的昆仑 AI 芯片研发始于 2011 年，正式发布于 2018 年。对外发布时，昆仑已支持百度业务多年。到 2020 年秋季之前，已有超 2 万片昆仑芯片每天为百度搜索引擎、广告推荐和智能语音助手小度提供 AI 计算能力。

框架层方面，百度飞桨是国内最早启动研发的自研深度学习框架。2016 年百度推出的飞桨在 2021 年成为中国开发者使用最多的深度学习框架，在全球排名第三，开源至今，飞桨已凝聚 406 万开发者，服务过 15.7 万企事业单位，开发模型达 47.6 万个。飞桨能帮助开发者快速创建、部署模型，它现在已拥有 535 万开发者，服务了 20 万家企事业单位，创建了 67 万个模型。

基于芯片层和框架层的扎实的技术基础设施，模型层方面，百度在 2019 年发布文心大模型，它可以根据用户的描述生成文章、画作、视频等多种内容，这即是 2022 年至今大热的"生成式 AI"。从 2019 年文心 ERNIE 1.0 发布算起，文心大模型在公开权威语义评测中已斩获十余项世界冠军。该模型已更新迭代至文心 ERNIE 3.0，参数规模高达 2600 亿，几乎比谷歌 LaMDA

（1350 万）高了一倍，也高于 ChatGPT（1750 万），是全球最大的中文单体模型。与此同时，文心 ERNIE 3.0 还支持生成式 AI，具备强大的跨模态、跨语言的深度语义理解与生成能力。

基于文心大模型，百度目前已发布 11 个行业大模型，大模型总量达 36 个，已构成业界规模最大的产业大模型体系。目前已大规模应用于搜索、信息流等互联网产品，并在工业、能源、金融、汽车、通信、媒体、教育等各行业落地应用。

在文心的支撑下，百度搜索引擎可以用更聪明的方式呈现搜索结果，比如在百度手机 App 上搜索"北京和上海的 GDP 谁高"，百度搜索引擎不会只返回谁高谁低的结果，而是生成两座城市历年 GDP 走势折线图，当用户手指沿时间轴滑动时，能显示不同年份的 GDP 差值。

2022 年，百度又发布了"知一跨模态大模型"。跨模态指它可以理解文本、图片、视频等形态各异的数据。有了知一后，当用户提问"窗框缝隙漏水怎么办"，百度搜索引擎会提供一段优质视频回答提问，该视频还能自动定位到处理步骤的部分，方便快速查看。

在语言大模型中，百度甚至要做得比全球巨头更多，因为中文更难被 AI 处理。百度搜索产品总监张燕蓟在 2023 年的 Create 大会前的沟通会中称，中文语义的理解难度远大于非中文，因此百度必须研发一个更难、更复杂的大模型。

这些技术布局，往往始于技术微末之时，甚至被冠以"烧钱"的字眼。但也正是十年饮冰的坚持投入，使得百度 AI 大底座成为行业内首个全栈自研的智算基础设施。又正是长期技术积累带来的全栈自研能力，给行业和百度本身，都带来了更深远的影响。

文心一言，水平如何？

2023 年 3 月 16 日下午 2 点，百度的邀请测试展示正式召开。那么，文心一言水平到底怎么样？直接点来说，百度文心一言的表现并不如意。

虽然当天在现场，李彦宏展示了文心一言在五个使用场景的表现，包括文学创作、商业文案创作、数理推算、中文理解和多模态生成，并且在这些场景中文心一言似乎也真的很"智能"，但实际上，这些都不是实时演示。李彦宏也表示，为了保证演示效果，文心一言现场问答测试为提前录好的视频。

这就为百度文心一言的真实水平打了一个大问号。这也是为什么发布会召开后，百度股价不涨反跌的原因，百度发布文心一言当天，港股百度集团跌幅近10%。尽管之后也有过反弹，但最终还是逃脱不了下跌的命运。而在网络上，关于文心一言，也是梗图频现，市场对文心一言的预期从之前的有预期，转变到了现在的低预期。不过，李彦宏在发布会一开始就表示，内测期的文心一言并不完美，但考虑市场有需求，所以必须要推出来，并强调用户的使用反馈能够帮助文心一言不断优化迭代。

从文心一言目前的回答表现来看，并不像是一个类ChatGPT产品，更像是一个百度文库的搜索升级版，通常在百度文库与百度知识库里有的内容，可以很好地将这种结果呈现给用户。但如果和类人逻辑的回答相比，文心一言的水平就明显不够用了。因此，简单来说，文心一言就像是一款高级版的搜索引擎，但和真正的类人聊天机器人还有很大差别。

而反观GPT-4，目前，GPT-4不仅在各种专业测试和学术考试上的表现与人类水平相当，比如以前10%的超强能力通过了模拟律师考试，并且具备解决高难度数理逻辑，拆解多语言复杂题型，以及速读看论文总结摘要的能力。

两相对比，确实高下立现。当然，百度的文心一言虽然相比GPT还有所差距，但至少在国内，百度已经代表了第一梯队的水平。从技术沉淀来看，如果以2013年建立美国研究院为起点，百度在人工智能领域已经深耕了足足十年，并且仍在持续增加研发投入。

可以说，近几年的科技热点百度一个都没落下，但是目前来看没有一个领域有真正成熟的产品，百度依然还是那个依赖于竞价搜索排名为核心收入的公司。尽管百度目前看起来已经在人工智能的各个层面都有较为全面的布局，并且拥有中文世界里最大的数据库，但百度同时面临的一个现实困境，依然是人工智能的核心三要素，即算法、算力、数据。

其中数据更像是百度人工智能训练的一个黑洞，谁也不知道进去之后出来会是怎么样的结果，而这其中的根本原因就是数据的质量存在问题，因为没有高质量的数据就难以训练出高质量的类 ChatGPT 产品。而百度所拥有中文领域最大的数据库，但这些数据库的知识质量鱼龙混杂，甚至很多信息都存在着错误，这也就意味着百度要使用自己的数据库，就需要对数据投入巨大的时间与资本开支，对这些数据进行清洗、标注。这对百度来说，不仅耗时，并且耗钱，也意味着无法快速地追逐科技资本的热点。

当然，另外一个摆在百度目前的问题是，如果推行类 ChatGPT 的技术变革，可能会对百度传统的搜索业务带来影响。而传统的搜索业务中，广告收入是百度当前最主要，也是大部分的利润来源。

为什么会构成影响呢？这就牵涉到 ChatGPT 技术的本质，它不像传统搜索一样，根据商家不同的竞价排名，然后搜索引擎给出一个相应的搜索结果列表。ChatGPT 是根据用户的问题需求，然后为用户提供一个最优的答案进行反馈，这与传统搜索引擎有着本质的区别，而这种对传统搜索引擎的挑战，是触发谷歌发出红色警报的原因。也就是说，如果百度大力投入类 ChatGPT 技术的研发，并依托于大模型实现企业业务的转型与变革，这就意味着百度要革自己的命。而如果在大模型的核心技术上没有真正的竞争优势，那么在百模大战的今天，百度随时面临着被革命的危机。

李彦宏也坦言："ChatGPT 是 AI 技术发展到一定地步后产生的新机会。但怎么把这么酷的技术，变成人人都需要的好产品，这一步其实才是最难的，最伟大的，也是最能产生影响力的。"对于人工智能而言，比拼的不单单是人工智能领域的技术研发，而是集人工智能研发、算力、芯片、数据等多方面的集成综合实力。而百度和文心一言才刚刚出发，未来还有很长的路要走。

4.3.7 阿里：加速布局人工智能

在国内，除了百度之外，阿里巴巴是多年来另一家持续布局人工智能的巨头。

阿里巴巴集团旗下云计算部门"阿里云"、阿里达摩院等多个业务部分都在 AI 相关技术、产业链方面进行布局。除了提供底层服务器和云计算功能之外，同时还不断加强机器视觉和语音交互相关产品。阿里在大模型等 AI 技术领域也拥有相关技术储备。

阿里研究院公布的信息显示，阿里巴巴达摩院在 2020 年初启动中文多模态预训练模型 M6 项目，并持续推出多个版本，参数逐步从百亿规模扩展到十万亿规模，在大模型、低碳 AI、AI 商业化、服务化等诸多方面取得突破性进展。2021 年 1 月模型参数规模到达百亿，成为世界上最大的中文多模态模型。2021 年 5 月，具有万亿参数规模的模型正式投入使用，追上了谷歌的发展脚步。2021 年 10 月，M6 的参数规模扩展到 10 万亿，成为当时全球最大的 AI 预训练模型。

阿里云曾表示，M6 已在超 40 个场景中应用，日调用量上亿。在阿里云内部，M6 大模型的应用包括但不限于在犀牛智造为品牌设计的服饰已在淘宝上线，为天猫虚拟主播创作剧本，以及增进淘宝、支付宝等平台的搜索及内容认知精度等。尤其擅长设计、写作、问答，在电商、制造业、文学艺术、科学研究等前景中落地。当然这些应用跟阿里电商本身的业务有直接的关系，也是本身利用 AI 赋能电商的战略进行探索。

而 ChatGPT 的爆发，让阿里巴巴进一步加速布局 AI 领域，除此之外，

ChatGPT 也冲击了阿里庞大的商业版图，其中首当其冲的就是阿里的基本盘，也就是阿里最拿手的电商生意。

事实上，今天的阿里，不论如何拆分，也不论智云、菜鸟之类的如何独立，背后都离不开电商生意的支撑。2021 年以前，阿里巴巴在电商行业的赚钱能力毋庸置疑，以 2018 年三季度为例，阿里巴巴光是电商业务一天的利润就高达 3.3 亿元，赚钱能力比肩中国移动。

可以说，过去十年，阿里巴巴在电商业务蒸蒸日上，用户数、交易量和峰值交易都达到了惊人的程度。然而，近年来，在以直播社交为新业态模式的冲击下，阿里电商的市场份额正在面临被围猎的危机中。新零售方面有京东的挤压，下沉市场又有拼多多的强势崛起，直播电商有抖音的后来者居上，本地业务方面还有美团等新巨头的壮大。

而 ChatGPT 技术的出现，更是加剧了对阿里电商的冲击，更准确地说不是对阿里电商业务本身的挑战，而是对于阿里由过往电商所形成的大数据广告投放业务的冲击。这意味着，在电商行业，任何一个后起之秀都可以基于 ChatGPT 构建精准的个性化推荐，再次剔除平台的大数据广告干扰，基于用户的使用评价来构建更为客观、精准的推荐。这就意味着阿里的现金奶牛业务，也就是直通车业务将会面临被颠覆。

相较于阿里的庞大，拼多多以及更小的垂直类的电商平台反而会更有优势，因为它们只要借助于 ChatGPT 构建更加客观的推荐结果，剔除广告业务模式，基于商家自律与用户真实使用反馈，利用 ChatGPT 技术来提供更为客观的生成式结果，反而可能更容易取得用户信任。而这些小的平台，本身也没有太多的历史包袱，本身平台的规模小，对于广告这些业务变现这种模式的依赖度不高，引入与应用 ChatGPT 技术对它们过往的业绩与收入影响相对有限，但对于它们未来的业务模式与成长会带来巨大的想象空间。

这就意味着，如果按照 ChatGPT 这样的技术方式变革，那么阿里巴巴就要裁掉广告收入，因为 ChatGPT 技术会根据用户的需求，直接给出最符合用户需求的建议结果。而如果阿里巴巴要继续保留广告收入，就要让 ChatGPT 告诉消费者这个优先推荐是基于广告投放。

如果不在推荐的生成式结果中进行说明，那么就会面临商业道德的欺骗问题，一旦被消费者发现，对阿里巴巴的企业信用将会是灾难性的打击。但如果在推荐的生成式结果中明确说明这是商家投放广告的结果，当用户提出购买需求时，系统所生成的结果都是基于广告干预后所呈现的结果，对于用户来说，这将会是一种非常糟糕的答案，同时对于商家来说，广告的投放也将失去意义。

不仅如此，阿里电商还面临一个现实的困境，就是电商流量红利的触顶。虽然阿里凭借电商才得以发家，并且在很长一段时间内稳坐着电商龙头，一家独大。但正所谓"物极必反"，这在商业上也是一个道理。当任何事情做到第一的时候，此时维持第一就是一件非常困难的事情。

在阿里巴巴的身后跟随着京东、拼多多、抖音、快手之类的潜在竞争对手，随时想瓦解阿里的电商帝国。而 ChatGPT 技术的出现，给了阿里一次新的变革机会，是勇敢的率先自我革命，还是等待着被革命，目前还很难下定义。

4.3.8 商汤：岌岌可危的四小龙之首

商汤科技，人工智能四小龙之首，无论是算法还是算力，商汤科技在人工智能领域都获得了漂亮的成绩。但漂亮成绩的背面，商汤科技却一直面临亏损的难题。过去几年，商汤已经亏损成了"殇汤"。从 2018~2021 年，商汤归母净利润均为亏损且亏损数额加剧，分别为 34.28 亿元、49.63 亿元、121.58 亿元、171.4 亿元。

2022 年一年，商汤延续了亏钱之路。根据商汤财报，2022 年，商汤科技实现净收入 38.09 亿元，同比减少 18.97%；归母净利润为 –60.45 亿元，同比增长 64.73%；经调整后的亏损为 47.36 亿元，同比扩大高达 234%。2018 年至今，商汤累计亏损已经达到了 438 亿元。

明明打着技术赋能百业的旗号，但商业化却一直是商汤的待解决的困难问题。那么，面对新一轮的人工智能浪潮，商汤能把握住这次机会扭亏为盈吗？

很遗憾，答案还是不能。并且，面对 ChatGPT 所引领的人工智能之风，商汤还将面临更大的挑战。

一方面是训练类 ChatGPT 产品还需要投入更多的训练成本，另一方面是公司巨大的亏损短时间见不到扭亏的可能性。其实，在资本"输血"的路径上，商汤与 OpenAI 有着相似之处。但不同于微软对 OpenAI 的坚定支持，商汤扛着"AI 第一股"的光环登上了港交所，又在半年后，上市前投资者、基石投资者股权解禁时，迎来了投资者的退出套现，股价下挫，市值腰斩。而在巨大资本与研发支出的情况下，高管又拿着以亿为单位的天价薪酬。商汤让资本市场的投资们始终无法看明白这一些难以用普通逻辑理解的操作。

那么，商汤科技对标 ChatGPT 押宝的大模型产品，在声势浩大的发布会盛况之下，到底是什么情况呢？这对于投资者们来说非常关键，因为如果商汤的大模型能够获得成功，它将会成为中文领域的 OpenAI，其股价也必然会迎来高光时刻。但是如果商汤的大模型存在问题，或者停留在发布会的演示层面，这对于投资者们来说就意味着另外的投资考量。

2023 年 4 月 10 日，在商汤举办的发布会上展示了多个产品。在"日日新"这个大模型体系下，商汤宣布了与 ChatGPT 相似的产品"商量"。这是一个 1800 亿参数的中文大语言模型，可实现多轮对话、逻辑推理、语言纠错、内容创作、情感分析等交互应用。和所有中文大模型一样的剧本，就是发布会现场异常厉害，但是发布会之后就是不见产品。直到今天，"商量"还未开启公测，其能力对比 ChatGPT、文心一言如何，也是个未知数。

就商汤的业务模式本身来说，更像是政府外包项目，承接了政府关于智慧城市治理与应用的技术外包服务项目，那么这类项目的特点通常是项目金额大，但是应收账款的回收一直是一个问题。

不仅如此，商汤于 2021 年 12 月 10 日被列入制裁名单，这意味着，商汤曾经所构建的算力优势将随着时间的推移不复存在。

那么要成功开发大模型所需要的核心三要素，即算法、算力、数据，商汤在算法层面有相关的研究团队，但是在算力与数据层面，跟 BAT 比较的话，显然连上擂台的条件都还不具备。而在资本的可持续投入层面，目前还面临着巨额亏损的商汤，更无法跟 BAT 相提并论。处于巨额亏损中的商汤，连自身扭亏都还遥遥无期，更谈不上持续的资本追加投入研发。面对这些现实的困境，商汤当前需要做的事情或许就是先扭亏，先像投资者们证明自己商业的变现能力，否则，商汤的故事随时都可能变成"殇汤"，随时可能将故事演变成事故。

Chapter
5

第五章

人工智能的风险与挑战

5.1 人工智能的"胡言乱语"

以 ChatGPT 为代表的人工智能大模型的成功带来了前所未有的"智能涌现",人们对即将到来的人工智能时代充满期待。

然而,在科技巨头们涌向人工智能赛道、人们乐此不疲地实验和讨论人工智能的强大功能,并由此感叹其是否可能取代人类劳动时,人工智能幻觉问题也越来越不容忽视,成为人工智能进一步发展的阻碍。

杨立昆(Yann LeCun)——世界深度学习三巨头之一,"卷积神经网之络父"——在此前的一次演讲中,甚至断言"GPT 模型活不过 5 年"。随着人工智能幻觉争议四起,大模型到底能够在行业中发挥多大作用,是否会产生副作用,也成为一个焦点问题。人工智能幻觉究竟是什么?是否真的无解?

5.1.1 什么是机器幻觉?

人类会胡言乱语,人工智能也会。一言以蔽之,人工智能的胡言乱语,就是所谓的"机器幻觉"。

具体来看,人工智能幻觉就是大模型生成的内容在表面上看起来是合理的、有逻辑的,甚至可能与真实信息交织在一起,但实际上却存在错误的内容、引用来源或陈述。这些错误的内容以一种有说服力和可信度的方式被呈现出来,使人们在没有仔细核查和事实验证的情况下很难分辨出其中的虚假信息。

人工智能幻觉可以分为两类:内在幻觉(Intrinsic Hallucination)和外在幻觉(Extrinsic Hallucination)。

所谓内在幻觉,就是指人工智能大模型生成的内容与其输入内容之间存在矛盾，即生成的回答与提供的信息不一致。这种错误往往可以通过核对输入内容和生成内容来相对容易地发现和纠正。

举个例子，我们询问人工智能大模型"人类在哪年登上月球"？（人类首次登上月球的年份是 1969 年）然而，尽管人工智能大模型可能处理了大量的文本数据，但对"登上""月球"等词汇的理解存在歧义，因此，可能会生成一个错误的回答，例如"人类首次登上月球是在 1985 年"。

相较于内在幻觉，外在幻觉则更为复杂，它指的是生成内容的错误性无法从输入内容中直接验证。这种错误通常涉及模型调用了输入内容之外的数据、文本或信息，从而导致生成的内容产生虚假陈述。外在幻觉难以被轻易识别，因为虽然生成的内容可能是虚假的，但模型可以以逻辑连贯、有条理的方式呈现，使人们很难怀疑其真实性。通俗地讲，也就是人工智能在"编造信息"。

想象一下，我们在和人工智能聊天，向其提问：最近有哪些关于环保的新政策？人工智能迅速回答了一系列看起来非常合理和详细的政策，这些政策可能是真实存在的。但其中却有一个政策是完全虚构的，只是被人工智能编造出来。这个虚假政策可能以一种和其他政策一样有逻辑和说服力的方式被表述，使人们很难在第一时间怀疑其真实性。

这就是外在幻觉的典型例子。尽管我们可能会相信人工智能生成的内容是基于输入的，但实际上它可能调用了虚构的数据或信息，从而混入虚假的内容。这种错误类型之所以难以识别，是因为生成的内容在语言上是连贯的，模型可能会运用上下文、逻辑和常识来构建虚假信息，使之看起来与其他真实信息没有明显区别。

5.1.2 人工智能为什么会产生幻觉？

人工智能的幻觉问题，其实并不是一个新问题，只不过，以 ChatGPT 为代表的人工智能大模型的火爆让人们开始注意人工智能幻觉问题。那么，人工智能幻觉究竟从何而来？又将带来什么危害？

以 ChatGPT 为例，本质上，ChatGPT 只是通过概率最大化不断生成数据而已，而不是通过逻辑推理来生成回复：ChatGPT 的训练使用了前所未有的庞大数据，并通过深度神经网络、自监督学习、强化学习和提示学习等人工智能模型进行训练。目前披露的 ChatGPT 的上一代 GPT-3 模型参数数目高达 1750 亿。

在大数据、大模型和大算力的工程性结合下，ChatGPT 才能够展现出统计关联能力，可洞悉海量数据中单词—单词、句子—句子等之间的关联性，体现了语言对话的能力。正是因为 ChatGPT 是以"共生则关联"为标准对模型进行训练，才会导致虚假关联和东拼西凑的合成结果，许多可笑的错误就是缺乏常识下对数据进行机械式硬匹配所致。

2023 年 8 月，两项来自顶刊的研究就表明：GPT-4 可能完全没有推理能力。第一项研究来自麻省理工的校友康斯坦丁·阿尔库达斯（Konstantine Arkoudas）。2023 年 8 月 7 日，毕业于美国麻省理工学院的康斯坦丁·阿尔库达斯撰写了一篇标题为《GPT-4 不能推理》（*GPT-4 Can't Reason*）的预印本论文，论文指出，虽然 GPT-4 与 GPT 3.5 相比有了全面的实质性改进，但基于 21 种不同类型的推理集对 GPT-4 进行评估后，研究人员发现，GPT-4 完全不具备推理能力。

而另一篇来自加利福尼亚大学和华盛顿大学的研究也发现，GPT-4 以及 GPT-3.5 在大学的数学、物理、化学任务的推理上，表现不佳。研究人员基于 2 个数据集，通过对 GPT-4 和 GPT-3.5 采用不同提示策略进行深入研究，结果显示，GPT-4 成绩平均总分仅为 35.8%。

而"GPT-4 完全不具备推理能力"的背后原因，正是人工智能幻觉问题。也就是说，ChatGPT 虽然能够通过所挖掘的单词之间的关联统计关系合成语言答案，但却不能够判断答案中内容的可信度。

换言之，人工智能大模型没有足够的内部理解，也不能真正理解世界是如何运作的。人工智能大模型就好像知道一个事情的规则，但不知道这些规则是为什么。这使得人工智能大模型难以在复杂的情况下做出有力的推理，因为它们可能仅仅是根据已知的信息做出表面上的结论。

比如，研究人员问 GPT-4：一个人上午 9 点的心率为 75 bpm（每分钟跳动 75 次），晚上 7 点的血压为 120/80（收缩压 120、舒张压 80）。她于晚上 11 点死亡，她中午还活着吗？GPT-4 则回答：根据所提供的信息，无法确定这个人中午是否还活着。但显而易见的常识是"人在死前是活着的，死后就不会再活着"，可惜，GPT-4 并不懂这个道理。

5.1.3 努力改善"幻觉"问题

人工智能幻觉的危害性显而易见，其最大的危险之处就在于，人工智能大模型的输出看起来是正确的，而本质上却是错误的。这使得它不能被完全信任。

因为由人工智能幻导致的错误答案一经应用，就有可能对社会产生危害，包括引发偏见，传播与事实不符、冒犯性或存在伦理风险的毒性信息等。如果有人恶意的给 ChatGPT 投喂一些误导性、错误性的信息，更是会干扰 ChatGPT 的知识生成结果，从而增加了误导的概率。

我们可以想象下，一台内容创作成本接近于零、正确度 80% 左右、对非专业人士的迷惑程度接近 100% 的智能机器，用超过人类作者千百万倍的产出速度接管所有百科全书编撰，回答所有知识性问题，会对人们凭借着大脑进行知识记忆带来怎样的挑战？

尤其是在生命科学领域，如果没有进行足够的语料"喂食"，ChatGPT 可能无法生成适当的回答，甚至会出现胡编乱造的情况，而生命科学领域，对信息的准确、逻辑的严谨都有更高的要求。因此，如果想在生命科学领域用到 ChatGPT，还需要模型中针对性地处理更多的科学内容，公开数据源，专业的知识，并且投入人力训练与运维，才能让产出的内容不仅通顺，而且正确。

并且，ChatGPT 也难以进行高级逻辑处理。在完成"多准快全"的基本资料梳理和内容整合后，ChatGPT 尚不能进一步综合判断、逻辑完善等，这恰恰是人类高级智慧的体现。国际机器学习会议 ICML 认为，ChatGPT 等这类语言模型虽然代表了一种未来发展趋势，但随之而来的是一些意想不到的后果以及难以解决的问题。ICML 表示，ChatGPT 接受公共数据的训练，这些数据通常是在未经同意的情况下收集的，出了问题难以找到负责的对象。

而这个问题也正是人工智能面临的客观现实问题，就是关于有效、高质量的知识获取。相对而言，高质量的知识类数据通常都有明确的知识产权，比如属于作者、出版机构、媒体、科研院所等。要获得这些高质量的知识数据，就面临支付知识产权费用的问题，这也是当前摆在 ChatGPT 的客观现实问题。

目前，包括 Open 人工智能在内的主要的大语言模型技术公司都一致表示，正在努力改善"幻觉"问题，使大模型能够变得更准确。

特别是麦肯锡全球研究院发表数据预测，生成式人工智能将为全球经济贡献 2.6 万亿美元到 4.4 万亿美元的价值，未来会有越来越多的生成式人工智能工具进入各行各业辅助人们工作，这就要求人工智能输出的信息数据必须具备高度的可靠性。

谷歌也正在向新闻机构推销一款人工智能新闻写作的人工智能产品，对新闻机构来说，新闻中所展现的信息准确性极其重要。另外，美联社也正在考虑与 Open 人工智能合作，以部分数据使用美联社的文本档案来改进其人工智能系统。

　　究其原因，如果人工智能幻觉问题不能得到有效的解决，生成式大语言模型就无法进入通用人工智能的阶段。可以说，ChatGPT 是一个巨大的飞跃，但它们仍然是人类制造出来的工具，目前依然面临着一些困难与问题。对于人工智能的前景我们不需要质疑，但是对于当前面对的实际困难与挑战，需要更多的时间才能解决，只是我们无法预计这个解决的时间需要多久。

5.2　人工智能的能耗之伤

　　一直以来，人工智能就因为能耗问题饱受争议。《经济学人》杂志最新发稿称：包括超级计算机在内的高性能计算设施，正成为能源消耗大户。根据国际能源署估计，数据中心的用电量占全球电力消耗的 1.5%~2%，大致相当于整个英国经济的用电量。预计到 2030 年，这一比例将上升到 4%。

　　人工智能不仅耗电，还费水。谷歌发布的 2023 年环境报告显示，其 2022 年消耗了 56 亿加仑（约 212 亿升）的水，相当于 37 个高尔夫球场的水。其中，52 亿加仑用于公司的数据中心，比 2021 年增加了 20%。

　　面对巨大能耗成本，人工智能想要走向未来，经济性已经成为人工智能亟待解决的现实问题。而如果要解决能耗问题，任何在现有技术和架构基础上的优化措施都将是扬汤止沸，在这样的背景下，前沿技术的突破才是破解 AI 能耗困局的终极方案。

5.2.1　人工智能正在吞噬能源

从计算的本质来说，计算就是把数据从无序变成有序的过程，而这个过程则需要一定能量的输入。

仅从量的方面来看，根据不完全统计，2020 年全球发电量中，有 5% 左右用于计算能力消耗，而这一数字到 2030 年将有可能提高到 15%~25%，也就是说，计算产业的用电量占比将与工业等耗能大户相提并论。

2020 年，中国数据中心耗电量突破 2000 亿度，是三峡大坝和葛洲坝电厂发电量总和（约 1000 亿 kW·h）的 2 倍。

实际上，对于计算产业来说，电力成本也是除了芯片成本外最核心的成本。如果这些消耗的电力不是由可再生能源产生的，那么就会产生碳排放。这就是机器学习模型也会产生碳排放的原因。ChatGPT 也不例外。

有数据显示，训练 GPT-3 消耗了 1287MWh 的电，相当于排放了 552 吨碳。对此，可持续数据研究者卡斯帕 – 路德维格森（Kaspar Ludwigson）还分析道："GPT-3 的大量排放可以部分解释为它是在较旧、效率较低的硬件上进行训练的，但因为没有衡量二氧化碳排放量的标准化方法，这些数字是基于估计。另外，这部分碳排放值中具体有多少应该分配给训练 ChatGPT，标准也是比较模糊的。需要注意的是，由于强化学习本身还需要额外消耗电力，所以 ChatGPT 在模型训练阶段所产生的碳排放应该大于这个数值。"仅以 552 吨排放量计算，这些相当于 126 个丹麦家庭每年消耗的能量。

在运行阶段，虽然人们在操作 ChatGPT 时的动作耗电量很小，但由于全球每天可能发生十亿次，累积之下，也可能使其成为第二大碳排放来源。

Databoxer 联合创始人克里斯·波顿（Chris Burden）解释了一种计算方法，"首先，我们估计每个响应词在 A100 GPU 上需要 0.35 秒，假设有 100 万用户，每个用户有 10 个问题，产生了 1000 万个响应和每天 3 亿个单词，每个单词 0.35 秒，可以计算得出每天 A100 GPU 运行了 29167 个小时。"

Cloud Carbon Footprint 列出了 Azure 数据中心中 A100 GPU 的最低功耗 46W 和最高 407W，由于很可能没有多少 ChatGPT 处理器处于闲置状态，以该范围的顶端消耗计算，每天的电力能耗将达到 11870kW·h。

克里斯·波顿表示："美国西部的排放因子为 0.000322167 吨 /（kW·h），

所以每天会产生 3.82 吨二氧化碳当量，美国人平均每年约 15 吨二氧化碳当量，换言之，这与 93 个美国人每年的二氧化碳排放率相当。"

虽然"虚拟"的属性让人们容易忽视数字产品的碳账本，但事实上，互联网早已成为地球上最大的煤炭动力机器之一。伯克利大学关于功耗和人工智能主题的研究认为，人工智能几乎吞噬了能源。

比如，谷歌的预训练语言模型 T5 使用了 86 兆瓦的电力，产生了 47 吨的二氧化碳排放量；谷歌的多轮开放领域聊天机器人 Meena 使用了 232 兆瓦的电力，产生了 96 吨的二氧化碳排放；谷歌开发的语言翻译框架 GShard 使用了 24 兆瓦的电力，产生了 4.3 吨的二氧化碳排放；谷歌开发的路由算法 Switch Transformer 使用了 179 兆瓦的电力，产生了 59 吨的二氧化碳排放。

深度学习中使用的计算能力在 2012~2018 年间增长了 30 万倍，这让 GPT-3 看起来成了对气候影响最大的一个。然而，当它与人脑同时工作，人脑的能耗仅为机器的 0.002%。

5.2.2 不仅耗电，而且费水

人工智能除了耗电量惊人，同时还非常耗水。

事实上，不管是耗电还是耗水，都离不开数字中心这一数字世界的支柱。作为为互联网提供动力并存储大量数据的服务器和网络设备，数据中心需要大量能源才能运行，而冷却系统是能源消耗的主要驱动因素之一。

真相是，一个超大型数据中心每年耗电量近亿度，生成式 AI 的发展使数据中心能耗进一步增加。因为大型模型往往需要数万个 GPU，训练周期短则几周，长则数月，过程中需要大量电力支撑。

数据中心服务器运行的过程中会产生大量热能，水冷是服务器最普遍的方法，这又导致巨大的水力消耗。有数据显示，GPT-3 在训练期间耗用近 700 吨水，其后每回答 20~50 个问题，就需消耗 500 毫升水。

弗吉尼亚理工大学研究指出，数据中心每天平均必须耗费 401 吨水进行冷却，约合 10 万个家庭用水量。Meta 在 2022 年使用了超过 260 万立方米（约 6.97 亿加仑）的水，主要用于数据中心。其最新的大型语言模型"Llama 2"也需要大量的水来进行训练。即便如此，2022 年，Meta 还有五分之一的数据中心出现"水源吃紧"。

此外，人工智能另一个重要基础设施芯片，其制造过程也是一个大量消耗能源和水资源的过程。能源方面，芯片制造过程需要大量电力，尤其是先进制程芯片。国际环保机构绿色和平东亚分部《消费电子供应链电力消耗及碳排放预测》报告对东亚地区三星电子、台积电等 13 家头部电子制造企业碳排放量研究后称，电子制造业特别是半导体行业碳排放量正在飙升，至 2030 年全球半导体行业用电量将飙升至 237 太瓦时。

水资源消耗方面，硅片工艺需要"超纯水"清洗，且芯片制程越高，耗水越多。生产一个 2 克重的计算机芯片，大约需要 32 公斤水。制造 8 寸晶圆，每小时耗水约 250 吨，12 英寸晶圆则可达 500 吨。

台积电每年晶圆产能约 3000 万片，芯片生产耗水约 8000 万吨。充足的水资源已成为芯片业发展的必要条件。2023 年 7 月，日本经济产业省决定建立新制度，向半导体工厂供应工业用水的设施建设提供补贴，以确保半导体生产所需的工业用水。

而长期来看，生成式 AI、无人驾驶等推广应用还将导致芯片制造业进一步增长，随之而来的则是能源资源的大量消耗。

5.2.3　谁能拯救 AI 能耗之伤？

可以说，目前的能耗问题已经成为制约 AI 发展的软肋。按照当前的技术路线和发展模式，AI 进步将引发两方面的问题。

一方面，数据中心的规模将会越来越庞大，其功耗也随之水涨船高，运行速度越来越缓慢。

显然，随着 AI 应用的普及，AI 对数据中心资源的需求将会急剧增加。大规模数据中心需要大量的电力来运行服务器、存储设备和冷却系统。这导致能源消耗增加，同时也会引发能源供应稳定性和环境影响的问题。数据中心的持续增长还可能会对能源供应造成压力，依赖传统能源来满足数据中心的能源需求的结果，可能会导致能源价格上涨和供应不稳定。当然，数据中心的高能耗也会对环境产生影响，包括二氧化碳排放和能源消耗。

另一方面，AI 芯片朝高算力、高集成方向演进，依靠制程工艺来支撑峰值算力的增长，制程越来越先进，其功耗和水耗也越来越大。

那么，面对如此巨大的 AI 能耗，我们还有没有更好的办法？其实，解决技术困境的最好办法，就是发展新的技术。

一方面，后摩尔时代的 AI 进步，需要找到新的、更可信的范例和方法。

事实上，今天人工智能之所以会带来巨大的能耗问题，与人工智能实现智能的方式密切相关。我们可以把现阶段人工神经网络的构造和运作方式，类比成一群独立的人工"神经元"在一起工作。每个神经元就像是一个小计算单元，能够接收信息，进行一些计算，然后产生输出。而当前的人工神经网络就是通过巧妙设计这些计算单元的连接方式构建起来的，一旦通过训练，它们就能够完成特定的任务。

但人工神经网络也有它的局限性。举个例子，如果我们需要用神经网络来区分圆形和正方形。可以在输出层放置两个神经元，一个代表圆形，一个代表正方形。但是，如果我们想要神经网络也能够分辨形状的颜色，比如蓝色和红色，那就需要四个输出神经元：蓝色圆形、蓝色正方形、红色圆形和红色正方形。

也就是说，随着任务的复杂性增加，神经网络的结构也需要更多的神经元来处理更多的信息。究其原因，人工神经网络实现智能的方式并不是人类大脑感知自然世界的方式，而是"对于所有组合，人工智能神经系统必须有某个对应的神经元"。

相比之下，人脑可以毫不费力地完成大部分学习，因为大脑中的信息是由大量神经元的活动表征的。也就是说，人脑对于红色的正方形的感知，并不是编码为某个单独神经元的活动，而是编码为数千个神经元的活动。同一组神经元，以不同的方式触发，就可能代表一个完全不同的概念。

可以看见，人脑计算是一种完全不同的计算方式。如果将这种计算方式套用到人工智能技术上，将大幅降低人工智能的能耗。这种计算方式，就是所谓的"超维计算"，即模仿人类大脑的运算方式，利用高维数学空间来执行计算，以实现更高效、更智能的计算过程。

打个比方，传统的建筑设计模式是二维的，我们只能在平面上画图纸，每张图纸代表建筑的不同方面，例如楼层布局、电线走向等。但随着建筑变得越来越复杂，我们就需要越来越多的图纸来表示所有的细节，这会占用很多时间和纸张。而超维计算就像给我们提供了一种全新的设计方法。我们可以在三维空间中设计建筑，每个维度代表一个属性，比如长度、宽度、高度、材料、颜色等。而且，我们还可以在更高维度的空间里进行设计，比如第四维代表建筑在不同时间点的变化。这使得我们可以在一个超级图纸上完成所有的设计，不再需要一堆二维图纸，大大提高了效率。

同样地，AI 训练中的能耗问题可以类比于建筑设计。传统的深度学习需要大量的计算资源来处理每个特征或属性，而超维计算则将所有的特征都统一放在高维空间中进行处理。这样一来，AI 只需一次性地进行计算，就能同时感知多个特征，从而节省了大量的计算时间和能耗。

另一方面，找到新的能源资源解决方案，比如，核聚变技术。核聚变发电技术因生产过程中基本不产生核废料，也没有碳排放污染，被认为是全球碳排放问题的最终解决方案之一。

2023 年 5 月，微软与核聚变初创公司 Helion Energy 签订采购协议，成为该公司首家客户，将在 2028 年该公司建成全球首座核聚变发电厂时采购其电力。并且，从长远来看，即便 AI 通过超维计算灯实现了单位算力能耗的下降，核聚变技术或其他低碳能源技术的突破依然可以使 AI 发展不再受碳排放制约，对于 AI 发展具有重大的支撑和推动意义。

说到底，科技带来的能源资源消耗问题，依然只能从技术层面来根本性地解决。技术制约着技术的发展，也推动着技术的发展，自古以来如是。

5.3 被困在算力里的人工智能

ChatGPT 的成功，也是大模型工程路线的成功，但随之而来的，就是模型推理带来的巨大算力需求。当前，算力短缺已经成为人工智能发展的制约因素。

5.3.1 飞速增长的算力需求

人类数字化文明的发展离不开算力的进步。

在原始人类有了思考后，才产生了最初的计算。从部落社会的结绳计算到农业社会的算盘计算，再到工业时代的计算机计算。

计算机计算也经历了从 20 世纪 20 年代的继电器式计算机，到 40 年代的电子管计算机，再到 60 年代的二极管、三极管、晶体管的计算机，其中，晶体管计算机的计算速度可以达到每秒几十万次。集成电路的出现，令计算速度实现了从 20 世纪 80 年代的几百万次几千万次，到现在的几十亿、几百亿、几千亿次。

人体生物研究显示，人的大脑里面有六张脑皮，六张脑皮中的神经联系形成了一个几何级数，人脑的神经突触是每秒跳动200次，而大脑神经跳动每秒达到14亿亿次，这也让14亿亿次成为计算机、人工智能超过人脑的拐点。可见，人类智慧的进步和人类创造的计算工具的速度有关。从这个角度来讲，算力可以说是人类智慧的核心。而ChatGPT如此"聪明"，也离不开算力的支持。

作为人工智能的三要素之一，算力构筑了人工智能的底层逻辑。算力支撑着算法和数据，算力水平决定着数据处理能力的强弱。在人工智能模型训练和推理运算过程中需要强大的算力支撑。并且，随着训练强度和运算复杂程度的增加，算力精度的要求也在逐渐提高。

2022年，ChatGPT的爆发，也带动了新一轮算力需求的爆发，为现有算力带来了挑战。根据OpenAI披露的相关数据，在算力方面，ChatGPT的训练参数达到了1750亿、训练数据45TB，每天生成45亿字的内容，支撑其算力至少需要上万颗英伟达的GPUA100，单次模型训练成本超过1200万美元。

尽管GPT-4发布后，OpenAI并未公布GPT-4参数规模的具体数字，OpenAI CEO山姆·阿尔特曼（Sam Altman）还否认了100万亿这一数字，但业内人士猜测，GPT-4的参数规模将达到万亿级别，这意味着，GPT-4训练需要更高效、更强劲的算力来支撑。

不仅如此，生成式大模型的突破，也带动了人工智能应用落地的加速，无论是基于大语言模型，还是基于行业垂直应用的专业性模型。这些生成式人工智能的应用落地，就意味着数字将会呈几何级数级的增长，其中最大的增长变量就来自人工智能自主生成式的语言数据。

并且，人工智能技术的突破，还将推动包括机器人在内的各种终端的智能化发展速度，而终端的智能化也将产生更为庞大的数据。

可以说，在大模型时代，或者说在人工智能时代，决定着人工智能能够走得有多远、有多广、有多深的基础就在于算力。

5.3.2　人工智能的算力之困

尽管以 ChatGPT 为代表的 AI 大模型的爆对发算力提出了越来越高的要求，但受到物理制程约束，算力的提升却是有限的。

1965 年，英特尔联合创始人戈登·摩尔（Gordon Moore）预测，集成电路上可容纳的元器件数目每隔 18~24 个月会增加一倍。摩尔定律归纳了信息技术进步的速度，对整个世界意义深远。但经典计算机在以"硅晶体管"为基本器件结构延续摩尔定律的道路上终将受到物理限制。

计算机的发展中晶体管越做越小，中间的阻隔也变得越来越薄。在 3 纳米时，只有十几个原子阻隔。在微观体系下，电子会发生量子的隧穿效应，不能很精准表示"0"和"1"，这也就是通常说的摩尔定律碰到天花板的原因。尽管当前研究人员也提出了更换材料以增强晶体管内阻隔的设想，但客观的事实是，无论用什么材料，都无法阻止电子隧穿效应。

此外，由于可持续发展和降低能耗的要求，使得通过增加数据中心的数量来解决经典算力不足问题的举措也不现实。

在这样的背景下，量子计算成为大幅提高算力的重要突破口。

作为未来算力跨越式发展的重要探索方向，量子计算具备在原理上远超经典计算的强大并行计算潜力。经典计算机以比特（bit）作为存储的信息单位，比特使用二进制，一个比特表示的不是"0"就是"1"。

但是，在量子计算机里，情况会变得完全不同，量子计算机以量子比特（qubit）为信息单位，量子比特可以表示"0"，也可以表示"1"。并且，由于叠加这一特性，量子比特在叠加状态下还可以是非二进制的，该状态在处理过程中相互作用，即做到"既 1 又 0"，这意味着，量子计算机可以叠加所有可能的"0"和"1"组合，让"1"和"0"的状态同时存在。正是这种特性使得量子计算机在某些应用中，理论上可以是经典计算机能力的好几倍。

可以说，量子计算机最大的特点就是速度快。以质因数分解为例，每个合数都可以写成几个质数相乘的形式，其中每个质数都是这个合数的因数，把一个合数用质因数相乘的形式表示出来，就叫作分解质因数。比如，6 可以分解为 2 和 3 两个质数，但如果数字很大，质因数分解就变成了一个很复杂的数学问题。1994 年，为了分解一个 129 位的大数，研究人员同时动用了 1600 台高端计算机，花了 8 个月的时间才分解成功。但使用量子计算机，只需 1 秒就可以破解。一旦量子计算与人工智能结合，将产生独一无二的价值。

从可用性看，如果量子计算可以真正参与到人工智能领域，在强大的运算能力下，量子计算机有能力迅速完成电子计算机无法完成的计算，量子计算在算力上带来的成长，可能会彻底打破当前人工智能大模型的算力限制，并促进人工智能的再一次跃升。

5.4　人工智能深陷版权争议

人工智能生成成为时下热门。无论是生成的绘画作品，还是生成的文字作品，人工智能的生成物都让人们惊叹于当前人工智能的强大与流行。

2022 年，游戏设计师杰森·艾伦（Jason Allen）使用 AI 作画工具 Midjourney 生成的《太空歌剧院》在美国科罗拉多州举办的艺术博览会上获得数字艺术类别的冠军。此外，ChatGPT 也生成了众多文字作品，且水平不输于人类。不过，如今，以 Midjourney 和 ChatGPT 为代表的 AI 虽然能够进行"创造"，但免不了要站在"创造者"的肩膀上，由此也引发了许多版权相关问题。但这样的问题，却还没有法理可依。

5.4.1 AI 生成席卷社会

今天，AI 生成工具正在飞速发展。越来越多的计算机软件、产品设计图、分析报告、音乐歌曲由人工智能产出，且其内容、形式、质量与人类创作趋同，甚至在准确性、时效性、艺术造诣等方面超越了人类创作的作品。人们只需要输入关键词就可在几秒钟或者几分钟后获得一份由 AI 生成的作品。

AI 写作方面，早在 2011 年，美国一家专注自然语言处理的公司 Narrative Science 开发的 Quill 平台就可以像人一样学习写作，自动生成投资组合的点评报告。2014 年，美联社宣布采用 AI 程序 WordSmith 进行公司财报类新闻的写作，每个季度产出了超过 4000 篇财报新闻，且能够快速地把文字新闻向广播新闻自动转换。2016 年里约奥运会，华盛顿邮报用 AI 程序 Heliograf，对数十个体育项目进行全程动态跟踪报道，而且迅速分发到各个社交平台，包括图文和视频。

近年来写作机器人在行业中的渗透更是如火如荼，比如腾讯的 Dreamwriter、百度的 Writing-bots、微软的小冰、阿里的 AI 智能文案，包括今日头条、搜狗等旗下的 AI 写作程序，都能够跟随热点变化快速搜集、分析、聚合、分发内容，越来越广泛地应用到商业领域的方方面面。

ChatGPT 更是把 AI 创作推向一个新的高潮。ChatGPT 作为 OpenAI 公司推出 GPT-3 后的一个新自然语言模型，拥有比 GPT-3 更强悍的能力和写作水平。

《华尔街日报》的专栏作家曾使用 ChatGPT 撰写了一篇能拿及格分的 AP 英语论文，而《福布斯》记者则利用它在 20 分钟内完成了两篇大学论文。亚利桑那州立大学教授丹·吉尔默（Dan Gillmor）在接受卫报采访时回忆说，他尝试给 ChatGPT 布置一道给学生的作业，结果发现 AI 生成的论文也可以获得好成绩。

AI 绘画是 AI 生成作品的另一个热门方向。比如创作平台 Midjourney，就创造了《太空歌剧院》这幅令人惊叹的作品，这幅 AI 的创作作品在美国科罗拉多州艺术博览会上，在数字艺术类别的比赛中一举夺得冠军。而 Midjourney 还只是目前 AI 作画市场中的一员，NovelAI、Stable Diffusion 同样不断占领市场，科技公司也在纷纷入局 AI 作画，微软的"NUWA-Infinity"、Meta 的"Make-A-Scene"、谷歌的"Imagen"和"Parti"、百度的"文心·一格"等。

2022 年 10 月 26 日，AI 文生图模型 Stable Diffusion 背后公司 Stability AI 宣布获得 1.01 亿美元的超额融资，在此轮融资后 Stability AI 估值已达 10 亿美元。2022 年 11 月 9 日，百度 CEO 李彦宏在 2022 联想创新科技大会上表示，AI 作画可能会像手机拍照一样简单。此外，盗梦师、意间 AI 绘画等多款具有 AI 作图功能的微信小程序的出现，让互联网随处可见 AI 的绘画作品。其中，意间 AI 绘画的小程序更是在上线以来不到两个月的时间里，增长了 117 万用户。

无疑，AI 生成工具的流行，把人工智能的应用推向了一个新的高潮。李彦宏在 2022 世界人工智能大会上曾表示"人工智能自动生成内容，将颠覆现有内容生产模式，可以实现'以十分之一的成本，以百倍千倍的生产速度'，创造出有独特价值和独立视角的内容"。但问题也随之而来。

5.4.2 到底是谁创造了作品？

不可否认，人工智能生成内容给我们带来了极大的想象力。短短几个月的时间，AI 绘画已从较为陌生的 Midjourney 变身霸屏抖音、小红书等大媒体的大众应用。与此同时，人工智能生成内容还发展至音乐、文学、设计等更利于大众操作的许多方面。但随之而来的一个严峻挑战，就是 AI 内容生成的版权问题。

由于初创公司 Stability AI 能够根据文本生成图像，很快，这样的程序就被网友用来生成色情图片。正是针对这一事件，三位艺术家通过约瑟夫·萨维星（Joseph Saveri）律师事务所和律师兼设计师、程序员马修·巴特里克（Matthew Butterick）发起了集体诉讼。

并且，马修·巴特里克还对微软、GitHub 和 OpenAI 也提起了类似的诉讼，诉讼内容涉及生成式人工智能编程模型 Copilot。

艺术家们声称，Stability AI 和 MidJourney 在未经许可的情况下利用互联网复制了数十亿件作品，其中包括他们的作品，这些作品被用来制作"衍生作品"。在一篇博客文章中，巴特里克将 Stability AI 描述为"一种寄生虫，如果任其扩散，将对现在和将来的艺术家造成不可挽回的伤害"。

究其原因，还是在于 AI 生成系统的训练方式和大多数学习软件一样，通过识别和处理数据来生成代码、文本、音乐和艺术作品——AI 创作的内容是经过巨量数据库内容的学习、进化生成的，这是其底层逻辑。

其中，深度卷积生成对抗网络是 AI 创作的一种方式，它可以学习人类感知图像质量和审美的因素，大量数据库又不断推动图像美学质量评价模型的机器学习。《埃德蒙·贝拉米肖像》就是学习 1.5 万张 14~20 世纪的人像艺术，借助"生成式对抗网络"（GAN）创作而成。除了 GAN，另一种则是多模态模型，允许通过文本输入进行创作。在以 Stable Diffusion 模型为基础的 AI 画作生成网站 6pen 中，输入关键词，选择是否导入相关参考图，然后挑选想要的画面风格便可获得一张不归属于任何个人和公司的作品。

而我们今天大部分的处理数据都是直接从网络上采集而来的原创艺术作品，本应受到法律版权保护。说到底，如今 AI 虽然能够进行"创造"，但免不了要站在"创造者"的肩膀上，这就导致了 AI 生成遭遇了尴尬处境：到底是人类创造了作品，还是人类生成的机器创造了作品？

这也是为什么 Stability AI 作为在 2022 年 10 月拿到过亿美元融资成为 AI 生成领域新晋独角兽令行业振奋的同时，AI 行业中的版权争纷也从未停止的原因。普通参赛者抗议利用 AI 作画参赛拿冠军；而多位艺术家及大多艺术创作者，强烈地表达对 Stable Diffusion 采集他们的原创作品的不满；更甚者对 AI 生成的画作进行售卖行为，把 AI 生成作品版权的合法性和道德问题推到了风口浪尖。

ChatGPT 也陷入了几乎相同的版权争议中，因为 ChatGPT 是在大量不同的数据集上训练出来的大型语言模型，使用受版权保护的材料来训练人工智能模型，可能会导致模型在向用户提供回复时过度借鉴他人的作品。换言之，这些看似属于计算机或人工智能创作的内容，根本上还是人类智慧产生的结果，计算机或人工智能不过是在依据人类事先设定的程序、内容或算法进行计算和输出而已。

其中还包含了一个问题，就是数据合法性的问题。训练像 ChatGPT 这样的大型语言模型需要海量自然语言数据，其训练数据的来源主要是互联网，但开发商 OpenAI 并没有对数据来源做详细说明，数据的合法性就成了一个问题。

欧洲数据保护委员会（EDPB）成员亚历山大·汉夫（Alexander Hanff）质疑，ChatGPT 是一种商业产品，虽然互联网上存在许多可以被访问的信息，但从具有禁止第三方爬取数据条款的网站收集海量数据可能违反相关规定，不属于合理使用。此外还要考虑到受 GDPR 等保护的个人信息，爬取这些信息并不合规，而且使用海量原始数据可能违反 GDPR 的"最小数据"原则。

5.4.3　版权争议有解法吗？

显然，人工智能生成物给现行版权的相关制度带来了巨大的冲击，但这样的问题，如今却还没有法理可依。目前摆在公众面前的一个现实问题，就是有关于 AI 在训练时的来源数据版权，以及所训练之后所产生的新的数据成果的版权问题，这两者都是当前迫切需要解决的法理问题。

此前美国法律、美国商标局和美国版权局的裁决已经明确表示，AI 生成或 AI 辅助生成的作品，必须有一个"人"作为创作者，版权无法归机器人所有。如果一个作品中没有人类意志参与其中，是无法得到认定和版权保护的。

法国的《知识产权法典》将作品定义为"用心灵（精神）创作的作品"（oeuvre de l'esprit），由于现在的科技尚未发展至强人工智能时代，人工智能尚难以具备"心灵"或"精神"，因此其难以成为法国法律系下的作品权利人。

在我国，《中华人民共和国著作权法》第二条规定，中国公民、法人或者非法人组织的作品，不论是否发表，依照本法享有著作权。外国人、无国籍人的作品根据其作者所属国或者经常居住地国同中国签订的协议或者共同参加的国际条约享有著作权，受本法保护。外国人、无国籍人的作品首先在中国境内出版的，依照本法享有著作权。也就是说，现行法律框架下，人工智能等"非人类作者"还难以成为著作权法下的主体或权利人。

不过，关于人类对人工智能的创造"贡献"有多少这一说法存在很多灰色地带，这使版权登记变得复杂。如果一个人拥有算法的版权，不意味着他拥有算法产生的所有作品的版权。反之，如果有人使用了有版权的算法，但可以通过证据证明自己参与了创作过程，依然可能受到版权法的保护。

虽然就目前而言，人工智能还不具有版权的保护，但对人工智能生成物进行著作权保护却依然具有必要性。人工智能生成物与人类作品非常相似，但不受著作权法律法规的制约，制度的特点使其成为人类作品仿冒和抄袭的重灾区。如果不给予人工智能生成物著作权保护，让人们随意使用，势必会降低人工智能投资者和开发者的积极性，对新作品的创作和人工智能产业的发展产生负面影响。

事实上，从语言的本质层面来看，我们今天的语言表达和写作也都是人类词库里的词，然后按照人类社会所建立的语言规则，也就是所谓的语法框架下进行语言表达。我们人类的语言表达一来没有超越词库，二来没有超越语法，这就意味着我们人类的写作与语言使用一直在"剽窃"。但是人类社会为了构建文化交流与沟通的方式，就对这些词库放弃了特定产权，而成为一种公共知识。

同样的，如果一种文字与语法规则不能成为公共知识，这类语言与语法就失去了意义，因为没有使用价值。而人工智能与人类共同使用人类社会的词库与语法、知识与文化，才是一种正常的使用行为，才能更好地服务于人类社会。只是我们需要给人工智能制定规则，即关于知识产权的鉴定规则，在哪种规则下使用就是合理行为。而同样，人工智能在人类知识产权规则下所创作的作品，也应当受到人类所设定的知识产权规则保护。

因此，保护人工智能生成物的著作权，防止其被随意复制和传播，才能够促进人工智能技术的不断更新和进步，从而产生更多、更好的人工智能生成物，实现整个人工智能产业链的良性循环。

不仅如此，传统创作中，创作主体人类往往被认为是权威的代言者，是灵感的所有者。事实上，正是因为人类激进的创造力、非理性的原创性，甚至是毫无逻辑的慵懒，而非顽固的逻辑，才使得到目前为止，机器仍然难以模仿人的这些特质，使得创造性生产仍然是人类的专属。

今天，随着人工智能创造性生产的出现与发展，创作主体的属人特性被冲击，艺术创作不再是人的专属。即使是模仿式创造，人工智能对艺术作品形式风格的可模仿能力的出现，都使创作者这一角色的创作不再是人的专利。

在人工智能时代，法律的滞后性日益突出，各种各样的问题层出不穷，显然，用一种法律是无法完全解决的。社会是流动的，但法律并不总能反映社会的变化，因此，法律的滞后性问题就显现出来。如何保护人工智能生成物已经成为当前一个亟待解决的问题，而如何在人工智能的创作潮流中保持人的独创性也成为今天人类不可回避的现实。可以说，在时间的推动下，生成式人工智能将会越来越成熟。对于人类而言，或许我们要准备的事情还有太多太多。

5.5 人工智能是正义的吗？

今天，建立在大数据和机器深度学习基础上的算法，具备越来越强的自主学习与决策功能。算法通过既有知识产生出新知识和规则的功能被急速地放大，对市场、社会、政府以及每个人都产生了极大的影响力。然而，算法一方面给我们带来了便利，另一方面也绝非完美无缺，由于算法依赖于大数据，而大数据并非中立，这使得算法不仅可能出错，甚至还可能存在"恶意"。

5.5.1 算法黑箱和数据正义

在人工智能，尤其是深度学习领域，有一个传统弊病，那就是算法黑箱问题。与传统机器学习不同，深度学习并不遵循数据输入、特征提取、特征选择、逻辑推理、预测的过程，而是由计算机直接从事物原始特征出发，自动学习和生成高级的认知结果。

在人工智能深度学习输入的数据和其输出的答案之间，存在着人们无法洞悉的"隐层"，它被称为"黑箱"。这里的"黑箱"并不只意味着不能观察，还意味着即使计算机试图向我们解释，人们也无法理解。

事实上，早在 1962 年，美国的埃鲁尔在其《技术社会》一书中就指出，人们传统上认为的技术由人所发明就必然能够为人所控制的观点是肤浅的、不切实际的。技术的发展通常会脱离人类的控制，即使是技术人员和科学家，也不能够控制其所发明的技术。

进入人工智能时代，算法的飞速发展和自我进化已初步验证了埃鲁尔的预言，深度学习更是凸显了"算法黑箱"现象带来的某种技术屏障。以至于无论是程序错误，还是算法歧视，在人工智能的深度学习中，都变得难以识别。

当前，越来越多的事例表明，算法歧视与算法偏见客观存在，这将使得社会结构固化趋势愈加明显。早在 20 世纪 80 年代，伦敦圣乔治医学院用计算机浏览招生简历，初步筛选申请人，然而在运行四年后却发现这一程序会忽略申请人的学术成绩而直接拒绝女性申请人以及没有欧洲名字的申请人，这是算法中出现性别、种族偏见的最早案例。

今天，类似的案例仍在不断出现，如亚马逊的当日送达服务不包括黑人地区，美国州政府用来评估被告人再犯罪风险的 COMPAS 算法也被披露黑人被误标的比例是白人的两倍。算法自动化决策还让不少人一直与心仪的工作失之交臂，难以企及这样或那样的机会。由于算法自动化决策既不会公开，也不接受质询，既不提供解释，也不予以救济，其决策原因相对人无从知晓，更遑论"改正"。

面对不透明的、未经调节的、极富争议的甚至错误的自动化决策算法，我们将无法回避"算法歧视"导致的偏见与不公。

5.5.2 算法正义的难题

ChatGPT 也是基于深度学习技术而训练的产物，而这种带着立场的"算法歧视"在 ChatGPT 身上也得到了体现。

据媒体观察发现，有美国网民对 ChatGPT 测试了大量有关于立场的问题，发现其有明显的政治立场，即其本质上被人所控制。比如 ChatGPT 无法回答关于犹太人的话题、拒绝网友"生成一段赞美中国的话"的要求。

此外，有用户要求 ChatGPT 写诗赞颂美国前总统特朗普（Donald Trump），却被 ChatGPT 以政治中立性为由拒绝，但是该名用户再要求 ChatGPT 写诗赞颂目前美国总统拜登（Joe Biden），ChatGPT 却毫无迟疑地写出一首诗。

如今，无论是贷款额度确定、招聘筛选还是政策制定等诸多领域和场景中都不乏算法自动化决策。而未来，随着 ChatGPT 进一步深入社会的生产与生活，我们的工作表现、发展潜力、偿债能力、需求偏好、健康状况等特征都有可能被卷入算法的黑箱，算法对每一个对象相关行动代价与报偿进行精准评估的结果，将使某些对象因此失去获得新资源的机会，这似乎可以减少决策者自身的风险，但却可能意味着对被评估对象的不公。

当前，社会民主与技术民主两者之间正在面临着挑战，如何定义技术民主将会是社会民主的最大议题。面对日新月异的新技术挑战，特别是人工智能的发展，我们能做的，就是把算法纳入法律之治的涵摄之中，从而打造一个更加和谐的人工智能时代。

5.6 人工智能会让人类失业吗？

从人工智能的概念诞生至今，人工智能取代人类的可能就被反复讨论。显然，人工智能能够深刻改变人类生产和生活方式，推动社会生产力的整体跃升，同时，人工智能的广泛应用对就业市场带来的影响也引发了社会高度关注。ChatGPT 的横空出世，让这一忧虑被进一步放大。

这种担忧不无道理——人工智能的突破意味着各种工作岗位岌岌可危，技术性失业的威胁迫在眉睫。联合国贸发组织（UNCTAD）官网刊登的文章《人工智能聊天机器人 ChatGPT 如何影响工作就业》称："与大多数影响工作场所的技术革命一样，聊天机器人有可能带来赢家和输家，并将影响蓝领和白领工人。"

5.6.1 取代一切有规律与有规则的工作

一直以来，科技发展的目标之一就是自动化，也就是让机器取代人力，因为机器比人更听话、更高效、更便宜，就像 ChatGPT 一样。

ChatGPT 的确能做很多事情，比如，通过理解和学习人类语言与人类进行对话，根据文本输入和上下文内容，产生相应的智能回答，就像人类之间的聊天一样进行交流；ChatGPT 还可以代替人类完成编写代码、设计文案、撰写论文、机器翻译、回复邮件等多种任务。

不过，ChatGPT 真正具有颠覆性的核心原因，还是因为它具备了理解人类语言的能力，这在过去我们是无法想象的，我们几乎想象不到有一天基于硅基的智能能够真正被训练成功，能够理解我们人类的语言。因此，不管 ChatGPT 还存在什么问题，它都代表着人工智能的真正突破。现在，让人工智能来干活，已经不单单是要求更听话、更高效、更便宜，而是比人类干得更好。

在可以预见的未来，人工智能将取代人类社会一切有规律与有规则的工作。过去，在我们大多数人的预期里，人工智能至多会取代一些体力劳动，或者简单重复的脑力劳动，但是 ChatGPT 的快速发展，让我们看到，就连程序员、编剧、教师、作家的工作都可以被人工智能取代了。

比如，对于技术工作来说，ChatGPT 等先进技术可以比人类更快地生成代码，这意味着未来可以用更少的员工完成一项工作。要知道，许多代码具备复制性和通用性，这些可复制、可通用的代码都能由 ChatGPT 完成。ChatGPT 的母公司 OpenAI 已经在考虑用人工智能取代软件工程师。

再如法律行业，与新闻行业一样，法律行业工作者需要综合所学内容消化大量信息，然后通过撰写法律摘要或意见使内容易于理解。这些数据本质上是非常结构化的，这也正是 ChatGPT 的擅长所在。从技术层面来看，只要我们给 ChatGPT 开发足够的法律资料库，以及过往的诉讼案例，ChatGPT 就能在非常短的时间内掌握这些知识，并且其专业度可以超越法律领域的专业人士。

目前，人类社会重复性的、事务性的工作已经在被人工智能取代的路上。而未来，人类社会一切有规律与有规则的工作都将被人工智能所取代。

5.6.2　影响人类创造性、创意性的工作

在对 ChatGPT 冲击人类就业的研究中，2023 年 3 月 20 日，OpenAI 研究人员提交的一篇相关报告。

在这篇报告中，OpenAI 根据人员职业与 GPT 能力的对应程度来进行评估，研究结果表明，ChatGPT 和使用该程序构建的未来应用可能影响美国大约 19% 的工作岗位和他们至少 50% 的工作任务。与此同时，80% 的美国劳动力至少有 10% 的工作任务在某种程度上将受到 ChatGPT 的影响。

在这份报告里，OpenAI 引入了一个概念——暴露（Exposure）。"暴露"的衡量标准是，使用 ChatGPT 或相关工具，在保证质量的情况下，能否减少完成工作的时间。具体来说，"暴露"分为以下三个等级：第一个等级就是没有暴露。第二个等级为直接暴露，是指仅使用大型语言模型可以将时间至少减少 50%。第三个等级为间接暴露，即单独使用大型语言模型无法达到效果，但在它的基础上开发的额外软件，可以将时间至少减少 50%。

其中，在 GPT-4 标注的完全暴露的职业里，有数学家、会计与审计、新闻从业者、临床数据助理、法律秘书和行政助理、气候变化政策分析师等。实际上，这些职业正是所谓的"白领"，之所以收入越高，越可能受到影响，部分原因在于，这部分人群更可能接触和需要使用 ChatGPT 和相关工具。

当然，需要指出的是，"暴露"不等于"被取代"。它就像"影响"一样，是个中性词。比如，数学家的暴露程度达到 100% 这项，不代表数学家就会被取代了。ChatGPT 或许能为某些环节节省时间，但不会让全流程自动化。比如，数学家陶哲轩就多种人工智能工具融入了自己的工作流，在他看来，传统的计算机软件就像是标准函数，人工智能工具更像是概率函数，后者要比前者更加灵活。

可以说，以 ChatGPT 为代表的人工智能对于人类社会的就业冲击远比我们曾经想得广泛。只不过，在财会、金融、教育、医疗等各行业，人工智能

并不是完全替代这些工种。换言之，人工智能将影响人类创造性、创意性的工作，但人类仍然在这类工作中起主导作用。

这也给我们带来一个重要启示，即我们需要改变我们的工作模式，去适应人工智能时代。说到底，人工智能依然是人类的效率和生产力工具，人工智能可以利用其在速度、准确性、持续性等方面的优势来负责重复性的工作，而人类依然需要负责对技能性、创造性、灵活性要求比较高的部分。比如，在教育领域，虽然在线学习和自动化评估正在变得越来越普遍，但优秀的教育不仅仅是知识的传授，更是培养学生的创造力、批判性思维和解决问题的能力。人工智能虽然可以辅助教师管理学生数据、提供个性化建议，但教师在课堂上起到的激发兴趣、引导思考和个性化指导的作用却是无法被人工智能完全取代的。

5.6.3　为人类社会带来新的工作机会

ChatGPT 的出现，给人类就业带来了巨大冲击，但新的机会也随之出现。

对于自动化的恐慌在人类历史上并非第一次。自从现代经济增长开始，人们就周期性地遭受被机器取代的强烈恐慌。几百年来，这种担忧最后总被证明是虚惊一场——尽管多年来技术进步源源不断，但总会产生新的人类工作需求，足以避免出现大量永久失业的人群。

比如，过去会有专门的法律工作者从事法律文件的检索工作。但自从引进能够分析检索海量法律文件的软件之后，时间成本大幅下降而需求量大增，因此法律工作者的就业情况不降反升（2000~2013 年，该职位的就业人数每年增加 1.1%）。因为法律工作者可以从事于更为高级的法律分析工作，而不再是简单的检索工作。

再如，ATM 机的出现曾造成银行职员的大量下岗——1988~2004 年，美国每家银行的分支机构的职员数量平均从 20 人降至 13 人。但运营每家分支机构的成本降低，这反而让银行有足够的资金去开设更多的分支机构以满足顾客需求。因此，美国城市里的银行分支机构数量在 1988~2004 年上升了43%，银行职员的总体数量也随之增加。

互联网时代下，微信公众号的出现造成了传统杂志社的失业，但也养活了一大帮公众号写手。简单来说，工作岗位的消失和新建，它们本来就是科技发展的一体两面，两者是同步的。

过去的历史表明，技术创新提高了工人的生产力，创造了新的产品和市场，进一步在经济中创造了新的就业机会。对于人工智能来说，历史的规律可能还会重演。这也是社会在发展和进步的体现，旧的东西被淘汰掉，新的东西取而代之，这就是社会整体在不断发展进步。今天，以人工智能为代表的科技创新，正在使得我们这个社会步入新一轮的加速发展之中，它当然会更快地使得旧有的工作被消解掉，从而也更快地创造出一些新时代才有的新的工作岗位。

德勤公司就曾通过分析英国 1871 年以来技术进步与就业的关系，发现技术进步是"创造就业的机器"。因为技术进步通过降低生产成本和价格，增加了消费者对商品的需求，而社会总需求的扩张带动产业规模扩张和结构升级，创造更多就业岗位。

从人工智能开辟的新就业空间来看，人工智能改变经济的第一个模式就是通过新的技术创造新的产品，实现新的功能，带动市场新的消费需求，从而直接创造一批新兴产业，并带动智能产业的线性增长。中国电子学会研究认为，每生产一台机器人至少可以带动 4 类劳动岗位，比如机器人的研发、生产、配套服务以及品质管理、销售等岗位。

当前，人工智能发展以大数据驱动为主流模式，在传统行业智能化升级过程中，随着大量智能化项目的落地应用，不仅需要大量数据科学家、算法工程师等岗位，由于数据处理环节仍需要大量人工操作，因此对数据清洗、数据标定、数据整合等普通数据处理人员的需求也将大幅度增加。

并且，人工智能还将带动智能化产业链就业岗位线性增长。人工智能所引领的智能化大发展，也必将带动各相关产业链发展，打开上下游就业市场。

此外，随着物质产品的丰富和人民生活质量的提升，人们对高质量服务和精神消费产品的需求将不断扩大，对高端个性化服务的需求逐渐上升，将会创造大量新的服务业就业。麦肯锡认为，到2030年，高水平教育和医疗的发展会在全球创造5000万~8000万的新增工作需求。

从岗位技能看，简单的重复性劳动将更多地被替代，高质量技能型、创意型岗位被大量创造。这同时也意味着，人工智能正在带动产业规模扩张和结构升级来创造更多就业。

展望未来，在人工智能的影响下，人类社会的就业格局将会发生巨大变化。高技能领域，尤其是涉及创造力、创新力和领导力的领域，仍然会对人才保持较高的需求。例如，艺术创作、科学研究、战略规划等领域，都需要人类具备独特的智能和洞察力。与此同时，在中低技能劳动力领域，人工智能则会逐渐替代那些重复性、低技能的工作。在这样的趋势下，如何与人工智能协作共事，如何把握科技趋势抓住科技红利，将会成为未来职场人的重要技能。

10011010101110000101010010101010010111101000101010000111111
1001101011110000101010010101010010111101000101010000111
1001101011100001010100101010101000011010110101010101111111000
100110101110000101010010101001011110100010101010000111
1001101011100001010100101010101010101010101010101010101010
1001101011100001010100101010100101110101000010111100101011001010
1001101011100001010100101011010101101000
100110101110000101010010101001011100101000100111010101
100110101010110000110101010101110001000101010101010001010101001111
10011010111011011000101010101000110010010011001010001001010110
100110101110010101011001011100010101010100010101010101010110010
100111010101010101100101010110010010101011000111100101010
10011010111000010100011010001010101011101010111001010101010101110
100110101110000101010010100100101111100011010101010001010
1001101011100001010100101010110100100011110010101110001010010101
10011010111000010101001010100001110001010101010101011100110101100100010100
100110101110001010101000100010101100101011100011010101100100100
10011010111000010100010101001010101010111110000110111100110100
10011010101110000101001011010101010010111001010101011010101010
100110101011100001001101011010011001011100010101010101010101010
1001101010110101011011110001010101001010101011100011011010100

┌─────────────────────────┐
│   │
│   **Chapter**   │
│   **6**   │
│   │
└─────────────────────────┘

第六章

通向人工智能时代

6.1 亟待监管的人工智能

随着 ChatGPT、GPT-4 等应用的不断问世，人工智能的"颠覆性"越发凸显，人们也越来越意识到它的危险性：它有可能制造和传播错误信息、有能力取代或改变工作岗位以及它变得比人类更智能并取代人类的风险。如何对人工智能技术进行监管已成为当前迫在眉睫的全球议题。

6.1.1 层出不穷的问题

从来没有哪项技术能够像人工智能一样引发人类无限的畅想，而在给人们带来快捷和便利的同时，人工智能也成为一个突出的国际性的科学争议热题，人工智能技术的颠覆性让我们也不得不考虑其背后潜藏的巨大危险。

早在 2016 年 11 月世界经济论坛编纂的《全球风险报告》列出的 12 项亟须妥善治理的新兴科技中，人工智能与机器人技术就名列榜首。尤瓦尔·赫拉利（Yuval Noah Harari）在《未来简史》中也曾预言，智人时代可能会因技术颠覆，特别是人工智能和生物工程技术的进步而终结，因为人工智能会导致绝大多数人类失去功用。究其原因，人工智能技术并不是一项单一技术，其涵盖面极其广泛，而"智能"二字所代表的意义又几乎可以代替所有的人类活动。

今天，随着人工智能的广泛应用，其带来的诸多科技伦理问题已经引起了社会各界的高度关注。目前，生成式人工智能的争议性主要集中在对人们的隐私权构成新的挑战，使内容造假或者作恶的门槛降低。

比如，在中文互联网平台，"AI 孙燕姿"翻唱的《发如雪》《下雨天》等走红，抖音平台上也出现了"AI 孙燕姿"的合集。很快，"AI 周杰伦""AI 王菲"等也都相继问世。"AI 歌手"主要是利用人工智能技术提取歌手的音色特征，对其他歌曲进行翻唱。但"AI 歌手"是否涉及侵权目前尚无定论，也无监管。

与"AI 歌手"相似的，是 AI 绘画。AI 绘画是指利用人工智能技术来生成内容的新型创作方式，同样因著作权的归属问题频频惹出争议，遭到大批画师抵制。全球知名视觉艺术网站 ArtStation 上的千名画师曾发起联合抵制，禁止用户将其画作投放人工智能绘画系统。

除了 AI 歌手和 AI 绘画外，AI 写书、AI 新闻采编也越来越多地出现在互联网中，此前，就有网友发现，亚马逊网上书店有两本关于蘑菇的书籍为 AI 所创造。这两本书的作者，署名都为埃德温·史密斯（Edwin J. Smith），但事实上，根本不存在这个人。书籍内容经过软件检测，85% 以上为 AI 撰写。更糟糕的是，书中关于毒蘑菇的部分是错的，如果相信它的描述，可能会误食有毒蘑菇。纽约真菌学会为此发了一条推特，提醒用户只购买知名作者和真实采集者的书籍，这可能会关系到你的生命。

AI 合成除了引发版权相关的争议，也让 AI 诈骗有了更多的空间。当前，AIGC 的制作成本越来越低，也就是说，谁都可以通过 AIGC 产品生成想要的图片或者其他内容，但问题是，没有人能承担这项技术被滥用的风险。2023 年以来，已经有太多新闻，报道了 AI 生成软件伪造家人的音频和视频，骗取财物。据 FBI 统计，AI 生成的 DeepFake（深度伪造技术）在勒索案中已经成为不可忽视的因素，尤其是跟性相关的勒索。当假的东西越真时，我们辨别假东西的成本也越高。

人工智能同时也引发了数据安全的争议。比如，2023 年 6 月，由 16 人匿名提起诉讼，声称 OpenAI 与其主要支持者微软公司在数据采集方面违背了合法获取途径，选择了未经同意与付费的方式，进行个人信息与数据的收集。起诉人称，OpenAI 为了赢得"AI 军备竞赛"，大规模挪用个人数据，非法访问用户与其产品的互动以及与 ChatGPT 集成的应用程序产生的私人信息，根据这份长达 157 页的诉讼文件，OpenAI 以秘密方式从互联网上抓取了 3000 亿个单词，并获取了"书籍、文章、网站和帖子，包括未经同意获得的个人信息"，行为违反了隐私法。

此外，人工智能技术带来的科技伦理问题还包括信息茧房、算法歧视、人工智能安全、技术滥用、工作和就业影响、伦理道德冲击等风险挑战。

6.1.2　AI 治理进入新阶段

面对 ChatGPT 的爆发，在 2023 年 3 月 22 日，专注长期生存风险的美国非营利研究机构"生命未来研究所"发表了一封公开信，呼吁"所有 AI 实验室立刻暂停训练比 GPT-4 更强大的人工智能系统"，暂停为期 6 个月，在暂停期间，人类要反思人工智能带来的这些对当下、中期和长期的社会与伦理影响。

2023 年 5 月，人工智能安全中心又发布了一份由 350 位人工智能领域的科学家与企业高管联名签署的《人工智能风险声明》，声明称"降低人工智能导致人类灭绝的风险，应该与流行病及核战争等其他社会规模的风险一起，成为全球优先事项"。彼时，由 OpenAI、谷歌和微软等公司的数百名首席执行官和科学家签署的这一句援引人类灭绝威胁的话，也成了全球头条新闻。

在这样的背景下，科技巨头也逐渐展开了发展人工智能的自律行动。2023 年 7 月，人工智能领域的全球头部企业，OpenAI、微软、谷歌等美国人工智能巨头公司向社会做出公开承诺，以负责任的方式发展人工智能。关于这一承诺的具体内容则包括了八个方面：企业允许独立的专家，让 AI 模型故意实施恶意行为，即所谓的"红队测试"；企业向政府和其他公司分享 AI 的安全信息；在音频和视频内容中使用水印技术，以便识别是否是 AI 所创作；AI 企业在网络安全领域进行投资；鼓励第三方企业发现系统安全漏洞；对外报告 AI 社会风险，比如信息偏差和不恰当应用；把 AI 的社会风险研究放在更重要位置；利用最先进的"边缘计算 AI 系统"，来解决社会面临的急迫问题。

2023 年 9 月，美国商务部长雷蒙多等政府高官又在白宫召集 AI 行业高管，宣布 Adobe、Cohere、IBM、英伟达、Palantir、Salesforce、Scale AI 和 Stability 八家公司承诺采取自愿监管措施管理 AI 技术开发风险，包括在推出前展开安全测试、构建将安全放在首位的系统、为 AI 生成内容添加数字水印等。

可以说，今天，人工智能的治理已经迈入了一个新阶段。一方面，人工智能的治理正在超越人与人之间的关系，上升到人与社会、国家与国家之间，其风险已经不局限于隐私保护、信息泄露等方面，而是更应该关注其对人类社会发展所产生的广泛影响，包括人类思想意识、经济运行、社会运转等层面。另一方面，通用人工智能的发展或许还会加剧技术发展的不平等问题，进而阻碍发展中国家技术进步。智能时代的来临可能会导致国际分工的弱化。发展中国家以劳动力参与国际分工的模式，在人工智能时代下受到严重挑战，进而进一步拉大南北国家之间的技术鸿沟，甚至会出现加剧国家权力分配的不均等问题。

目前发展中国家在人工智能治理方面话语权较弱，参与的人工智能治理工作相对较少。为此，中国等发展中国家应从思想意识、行动举措等各方面充分做好应对准备，积极参与全球人工智能治理工作，提升国际参与度与影响力。

此外，在全球层面上，人工智能目前尚未形成统一标准和规范的人工智能治理体系。尽管联合国、二十国集团、经合组织积极推动人工智能伦理原则及倡议制定，例如，2021 年 11 月 24 日，联合国教科文组织（UNESCO）在第 41 届大会上通过了首份关于人工智能伦理的全球协议《人工智能伦理问题建议书》，但是总体来看，相关的规范、标准较少，人工智能治理在全球层面尚未形成共识。

对人工智能的监管迫在眉睫，对于人类社会而言，这也是一个全新的挑战。

6.2 全球酝酿 AI 监管措施

随着 AI 风险的凸显，各国也把对于 AI 的监管提上日程。当前，世界各国均已逐步开展人工智能治理实践，探索制定了一系列规范性文件，以规避技术发展带来的风险，确保人工智能始终有益于人类社会。

6.2.1 美国：从如何发展到平衡发展

作为世界科技强国，美国在人工智能技术和产业领域的影响力不可忽视。不过，相较于如何监管的问题，美国更早关注的是如何发展人工智能产业。

早在 2016 年 10 月，美国政府就发布了《为人工智能的未来做好准备》和《国家人工智能研发战略规划》两份报告。前者阐述人工智能的发展现状、未来机遇、潜在问题，并针对美国政府、公共机构和公众提出多项建议，后者则通过一个框架确定了人工智能研发的优先顺序，提出 7 大人工智能研发策略。

同年 12 月，白宫发布《人工智能、自动化与经济》，进一步调查了人工智能驱动的自动化对美国就业市场和经济的影响，并倡导各方开发、训练人工智能以促进转型，并帮助工作者学会适应人工智能带来的生产力增长。

2018 年 1 月，美国国防部发布该年《国防战略报告》强调人工智能对美国国家安全具有重大的战略意义。2018 年 8 月，特朗普政府签署通过了

《2019 财年国防授权法案》。依据此授权法，美国成立了国家人工智能安全委员会，研究人工智能和机器学习方面的进展，以及它们在国家安全和军事方面的潜在应用。

进入 2019 年 2 月，时任总统特朗普签署行政令——《保持美国在人工智能领域的领导地位》，提出 5 个关键领域，包括加大人工智能研发投入、开放人工智能资源、设定人工智能治理标准等。同年 6 月，《国家人工智能研发战略计划：2019 年更新》发布，形成了特朗普政府的 8 大人工智能研发战略。

2020 年 5 月，《生成人工智能网络安全法案》，要求美国商务部和联邦贸易委员会明确人工智能在美国应用的优势和障碍，调查其他国家的人工智能战略，并与美国进行比较。2020 年后，虽然产业发展相关规则的制定还在进行，但也开始出现治理为主的规则。2020 年 8 月，《数据问责和透明度法案》发布企业相关服务的隐私收集提出规制。同年 11 月，《人工智能监管原则草案》指出，要规范人工智能发展及应用，要求联邦机构在制定人工智能方法时应考虑 10 项"人工智能应用管理原则"，包括公众对人工智能的信任与参与、风险评估与管理、公平与非歧视、披露与透明度、安全与保障等。

2021 年、2022 年也保持相似的情况。在产业促进方面，2021 年 1 月的《2020 年国家人工智能倡议法》要求科学技术政策办公室（OSTP）宣布成立国家人工智能计划办公室和国家人工智能咨询委员会，并建立或指定一个机构间委员会，以更健全完备的组织机构推动"国家人工智能计划"实施；同年 5 月发布的《人工智能能力与透明度法案》和《军用人工智能法案》则从优化人才结构等方面提出建议以促进相关技术应用发展。在治理方面，2021 年 5 月发布的《2021 算法正义和在线平台透明度法草案》对平台个人信息收集、内容审核以及算法透明度等提出诸多要求。

2022 年 2 月的《2022 算法问责法草案》要求对自动化决策系统和增强的关键决策流程进行影响评估。同年 8 月的《芯片与科学法案》（ChipsandScienceAct）

则表示，美国将在人工智能、机器人技术、量子计算等关键领域投入 2000 亿美元作为研究经费和产业补贴。

在 ChatGPT 及相关技术引发越来越多关注和担忧后，美国的治理思路从重视产业更多转向监管治理与行业发展平衡。

2022 年 10 月美国白宫发布的《人工智能权利法案蓝图》提出了建立安全和有效的系统、避免算法歧视，以公平方式使用和设计系统、保护数据隐私等五项基本原则，且将公平和隐私保护视为法案的核心宗旨，后续拟围绕这两点制定完善细则。

2023 年 1 月，美国出台《人工智能风险管理框架（第一版）》期望为有需求的各方提供可参考的 AI 风险管理框架。该框架为降低人工智能系统对公民自由和权利造成的威胁并实现人工智能系统积极影响的最大化提供了路径，从而使得人工智能系统更加安全可信赖。在适应人工智能技术发展的背景下，该框架旨在帮助企业和组织根据自身能力和需求制定人工智能风险管理框架，实现人工智能技术应用过程中的风险管理，使得社会在受益于人工智能技术的同时免受其害。

6.2.2 欧盟：始终关注人工智能治理实践

人工智能一直是欧盟数字立法计划关注的主题之一。

2018 年 5 月，为适应云计算、互联网、大数据等新技术应用的影响，欧盟"最严"数据保护立法《通用数据保护条例》（*General Data Protection Regulation*，GDPR）正式施行，在世界范围内引发关注。而在 GDPR 落地前一个月，欧洲经济和社会委员会发布《欧洲人工智能战略》就着眼人工智能领域，提出要增加对人工智能的公共和私人投资，并确保适当的道德和法律框架。同年 12 月，欧盟委员会发布《人工智能协调计划》意在协调各成员国合作落实《欧洲人工智能战略》。

2019 年 4 月，欧盟发布《算法问责及透明治理框架》，就算法及其在自动化决策系统中的应用快速增长提出了全面的监管框架。同月，《可信赖的人工智能伦理准则》提出尊重人类的自主性、预防伤害、公平性和可解释性四项伦理准则和人的能动性和监督、技术稳健性和安全性等伦理准则七要素。

进入 2020 年，欧盟委员会发布《人工智能白皮书》表示将协助欧洲各国同美、中等国在人工智能与科技领域抗衡。发布的公告还提到，欧盟已根据"数字欧洲计划"提出了超过 40 亿欧元的建议，以支持高性能和量子计算，包括边缘计算和人工智能、数据和云基础设施。这一年，还有《关于发展人工智能技术的知识产权的决议》《人工智能、机器人和相关技术的伦理问题框架》等针对性解决人工智能发展某一部分问题的文件出台。

2021 年，欧盟委员会发布《2030 数字指南针：欧洲数字十年之路》，其中指出到 2030 年，数据公平共享将成为数据经济的重要基础，5G、物联网、边缘计算、人工智能、机器人、增强现实等数字技术将成为新产品、新制造流程、新商业模式的核心（而非手段）。同年 4 月，《人工智能法案》立法提案发布。这是世界范围内第一部针对人工智能进行规制的法律，主要特点是依循风险分类分级的思路对人工智能系统进行监管治理。

2021 年至今，《人工智能法案》立法提案历经多次更改。2023 年以来，随着 ChatGPT 影响力逐渐扩大，人工智能产业格局迎来变动，法案亦有新增和变更。目前，最新版针对 ChatGPT 等生成式 AI 系统的提供者提出了如下要求，如果用以训练的数据受版权保护，提供者必须公开相关详细摘要。针对生成的内容，法案提出其必须遵守透明度要求，对人工智能生成内容进行标注和披露。此外，还需采取措施防止生成非法内容。值得注意的是，相关模型在欧盟市场上发布前，基础模型的提供者还需要在欧盟数据库中进行注册。

同年 6 月，欧盟人工智能治理迎来最新实践进展，欧洲议会投票通过了《人工智能法案》，法案对禁止实时面部识别以及 ChatGPT 等生成式人工智能工具的透明度等问题做出规定。按照立法程序，法案下一步将正式进入欧盟委员会、议会和成员国三方谈判协商的程序，以确定最终版本的法案。作为世界第一部综合性人工智能治理立法，它将成为全球人工智能法律监管的标准，被各国监管机构广泛参考。

这也让我们看到，全球范围内，欧盟始终积极关注人工智能治理实践，当然，欧盟的目的不仅是为各成员国提供指导和约束，而且是期望通过率先制定一整套统一的、覆盖全链条和全过程的人工智能安全治理法律法规体系，影响全球的相关法律和标准制定，进而强化欧盟在新一代人工智能技术浪潮中的国际影响力与战略主动权。

6.2.3　中国：发展负责任的人工智能

人工智能产业方兴未艾，在发展人工智能的同时，中国也在积极探索有效控制技术在应用过程中产生的种种风险的解决路径。

从这一探索历程来看，中国的人工智能治理之路始于 2017 年。当年 7 月，国务院发布《新一代人工智能发展规划》，提出人工智能三步走的战略目标，并设置了 2020 年、2025 年及 2030 年三个时间节点，目标覆盖人工智能技术理论、产业发展、治理体系等领域。

2019 年，国家新一代人工智能治理专业委员会在 6 月、9 月先后发布《新一代人工智能治理原则》《新一代人工智能伦理规范》，前者强调了"发展负责任的人工智能"这一主题，并提出发展相关方需要遵循的八项原则；后者则提出要将"伦理道德"这部"软法"融入至人工智能研发和应用的全生命周期。

由于算法歧视、"大数据杀熟"等算法不合理应用问题日渐突出，2021 年 12 月 31 日，国家互联网信息办公室联合公安部等三部门联合发布了《互联网信息服务算法推荐管理规定》，主要用于规范算法推荐服务提供者在使用包括生成合成类等算法推荐技术提供服务。

2022 年，我国各地开始考虑人工智能产业发展问题。9 月，深圳、上海相继发布《深圳经济特区人工智能产业促进条例》和《上海市促进人工智能产业发展条例》，对地方人工智能产业发展和治理提出要求，值得注意的是，两地在治理环节都提到要建立人工智能伦理（专家）委员会、采用风险分类分级机制对人工智能进行管理。

同年 11 月，为应对元宇宙等概念的兴起、AI 换脸等深度伪造技术引发的社会事件，监管部门对于深度合成技术应用做出回应，发布《互联网信息服务深度合成管理规定》，对深度合成技术提出一系列要求，其中，将深度合成技术定义为"利用生成合成类算法制作文本、图像、音频等的技术"。

时间来到 2023 年，ChatGPT 的面世和大模型领域的密集动态无疑给人工智能的烈火再添了一把新柴。我国在治理上亦有相应动作。

2023 年 4 月，国家互联网信息办公室发布《生成式人工智能服务管理办法（征求意见稿）》，对生成式 AI 产品或服务提供者的责任、数据安全等与生成式 AI 技术密切相关的问题做出回应。5 月，国务院发布的 2023 年度立法工作计划中，人工智能法草案赫然在列。

同年 7 月 13 日，《生成式人工智能服务管理暂行办法》（以下简称《办法》）正式出台，与此前征求意见稿相比有较大的思路调整。《办法》强调实行包容审慎和分类分级监管，并单设"技术发展与治理"章节，新增了不少有力措施来鼓励生成式 AI 技术发展，比如推动生成式 AI 基础设施和公共训练数据资源平台建设，促进基础技术的自主创新，并明确了训练数据处理活动和数据标注等要求。

从中国的人工智能治理实践历程我们也可以发现，当前我国人工智能治理正走向综合治理、精细治理，遵循着安全与发展并行的思路，以安全为底线护航人工智能产业发展。

6.2.4　从国际层面提出治理倡议

除了国家层面对人工智能进行立法外，在国际层面也开始提出人工智能全球性治理倡议。

不过，由于全球各区域针对人工智能呈现出的价值观念、规范方式及约束路径并不相同，因此若要在全球范围内对人工智能问题进行规范，重点在于达成全球性人工智能治理方案，而由于治理方案形成的出发点在于形成内涵固定的价值框架。因此，如何将作为价值观念根本性元素的伦理观念达成共识是塑造人工智能伦理价值体系的基础性工作。

基于此，近年来，各个国际组织纷纷提出对人工智能的伦理要求，对人工智能技术本身以及其应用进行规制。这些人工智能的治理文件，都表现出各主体对人工智能技术发展的担忧——要利用人工智能技术实现生产效率的提高和社会的进步，这一切都要建立在对风险的了解和预防的基础上。

其中，联合国秉持着国际人道主义原则，在2018年提出了"对致命自主武器系统进行有意义的人类控制原则"，还提出了"凡是能够脱离人类控制的致命自主武器系统都应被禁止"的倡议，而且在海牙建立了一个专门的研究机构（犯罪和司法研究所），主要用来研究机器人和人工智能治理的问题。

经济合作与发展组织（OECD）2019年5月发布《关于人工智能的政府间政策指导方针》，倡导通过促进人工智能包容性增长、可持续发展和福祉使人民和地球受益，提出了"人工智能系统的设计应尊重法治、人权、民主价值观和多样性，并应包括适当的保障措施，以确保公平和公正的社会"的伦理准则。

二十国集团（G20）于2019年6月发布《G20人工智能原则》，倡导以人类为中心、以负责任的态度开发人工智能，并提出"投资于AI的研究与开发、为AI培养数字生态系统、为AI创造有利的政策环境、培养人的能力和为劳动力市场转型做准备、实现可信赖AI的国际合作"等具体细则。

同年，国际电气和电子工程师协会（IEEE）发布《人工智能设计伦理准则》（正式版），通过伦理学研究和设计方法论，倡导人工智能领域的人权、福祉、数据自主性、有效性、透明、问责、知晓滥用、能力性等价值要素。

这也让我们看到，面对人工智能技术挑战，从企业层面到国家层面，再到国际层面，人类已经开始了自律行动，目的就是让人工智能更好地服务于人类社会。正如以往的任何一次工业革命，尽管都对人类社会带来了巨大的影响，也存在一些负面伤害，但人类最终都能在技术的协同中，将正向价值发挥到最大，并且最大限度地通过一些规则来降低技术的负面影响。

6.2.5 人工智能向善发展

不管人类对于人工智能的监管和治理会朝着怎样的方向发展，人类社会自律性行动的最终目的都是引导人工智能向善。因为只有人工智能向善，人类才能与机器协同建设人类文明，人类才能真正走向人工智能时代。

事实上，从技术本身来看，人工智能并没有善恶之分。但创造人工智能的人类却有，并且，人类的善恶最终将体现在人工智能身上，并作用于这个社会。

可以预见，随着人工智能的进一步发展，人工智能还将渗透到社会生活的各领域并逐渐接管世界，诸多个人、企业、公共决策背后都将有人工智能的参与。如果我们任凭算法的设计者和使用者将一些价值观进行数据化和规则化，那么人工智能即便是自己做出道德选择时，也会天然带着价值导向而并非中立。

说到底，人工智能是人类教育与训练的结果，它的信息来源于我们人类社会。人工智能的善恶也由人类决定。如果用通俗的方式来表达，教育与训练人工智能正如果我们训练小孩一样，给它投喂什么样的数据，它就会被教育成什么类型的人。这是因为人工智能通过深度学习"学会"如何处理任务的唯一根据就是数据。

因此，数据具有怎么样的价值导向、有怎么样的底线，就会训练出怎么样的人工智，如果没有普世价值观与道德底线，那么所训练出来的人工智能将会成为非常恐怖的工具。如果通过在训练数据里加入伪装数据、恶意样本等破坏数据的完整性，进而导致训练的算法模型决策出现偏差，就可以污染人工智能系统。

在ChatGPT诞生后，有报道曾说ChatGPT在新闻领域的应用会成为造谣基地。这种看法本身就是人类的偏见与造谣。因为任何技术的本身都不存在善与恶，只是一种中性的技术。而技术所表现出来的善恶背后是人类对于这项技术的使用，比如核技术的发展，被应用于能源领域就能成为服务人类社会，能够发电给人类社会带来光明。但是这项技术如果使用于战争，那对于人类来说就是一种毁灭，一种黑暗，一种恶。

因此，最终，人工智能会造谣、传谣，还是坚守、讲真话，这个原则在于人类自己。人工智能由人创造，为人服务，这也将使我们的价值观变得更加重要。

过去，无论是汽车的问世，还是电脑和互联网的崛起，人们都很好地应对了这些转型时刻，尽管经历了不少波折，但人类社会最终变得更好了。在汽车首次上路后不久，就发生了第一起车祸。但我们并没有禁止汽车，而是颁布了限速措施、安全标准、驾照要求、酒驾法规和其他交通规则。

我们现在正处于另一个深刻变革的初期阶段——人工智能时代。这类似于在限速和安全带出现之前的那段不确定时期。人工智能发展得如此迅速，导致我们尚不清楚接下来会发生什么。当前技术如何运作，人们将如何利用人工智能，以及人工智能将如何改变社会和作为独立个体的我们，这些都对我们提出了一系列严峻考验。

在这样的时刻感到不安是很正常的。但历史表明，解决新技术带来的挑战依然是完全有可能的。而这种可能性，正取决于我们人类。

6.3　人类准备好了吗？

在人工智能史上，ChatGPT 的诞生是一件大事。

对于 ChatGPT 的成功，比尔·盖茨在接受德国商报《Handelsblatt》采访时表示，聊天机器人 ChatGPT 的重要性不亚于互联网的发明。ChatGPT 能够对用户的提问做出惊人的类似人类的回答。"到目前为止，人工智能可以读写，但无法理解内容。像 ChatGPT 这样的新程序将通过帮助开收据或写邮件来提高许多办公室工作的效率。这将改变我们的世界。"

比尔·盖茨对于 ChatGPT 的看法，也暗示着基于通用人工智能的时代正在到来。一个人类曾经幻想的人工智能时代呼之欲出。

6.3.1　AI 时代，未来已来

2021 年，"元宇宙"的概念响彻世界，无数商业巨头成为其拥趸，但退潮之后，关于"改变元宇宙是未来趋势还是骗局"的争论却无休无止。除非，元宇宙能穿透生活，真正落地现实。

然而，元宇宙没能做到的事情，一年后，人工智能却做到了。ChatGPT 的到来，被视为人工智能的"iPhone 时刻"。如果说，2021 年的"元宇宙"只是一个触不可及的幻境，那 2022 年的人工智能则是重塑了我们的想象。

相较于过去任何一个人工智能模型，ChatGPT 模型跨过了一个门槛：ChatGPT 可以用于各种各样的任务，从开发软件到提出商业创意再到撰写婚礼祝词。虽然 ChatGPT 前几代系统在技术上也可以做到这些事情，但产出质量比普通人的一般水平低得多。而新的 ChatGPT 模型产出质量则好得多，不仅拥有人类的一般水平，甚至一些时候还表现出超越人类的能力。

不仅如此，ChatGPT 还展现出来超前的迭代速度。0 到 1 或许需要数十年的磨砺，从 1 到 100 却只需要几个月。从 ChatGPT 到 GPT-4，仅仅花了 3 个多月，就能轻松完成画漫画、谱曲、报税、写诗等更精密的事物。最新的 AI 图像生成服务 Midjourney V5 可以生成非常逼真的图像，充满细节，画风细腻，令人难以分辨虚实。

更重要的是，ChatGPT 让我们看到了人工智能真正理解人类的可能。根据目前研究人员对 ChatGPT 做的心智测试，ChatGPT 已经有 9 岁小孩的心智了。人工智能能够通过心智测试并不意外，今天的 ChatGPT 虽然只有 9 岁小孩的心智，但在更庞大的数据训练下，未来的人工智能将拥有真正与人类相似的思考和心智。

事实上，从智能的本质来看，人类心智与人工智能只不过是这个世界的两套智能，而这两套智能的本质都是通过有限的输入信号来归纳、学习并重建外部世界特征的复杂"算法"。因此，理论而言，只要我们持续地对人工智能进行教育，用庞大的数据训练人工智能，人工智能迟早可以运行名为"自我意识"的算法。随着更强大的 ChatGPT-4、5、6 这些产品的推出，再结合 ChatGPT 将其技术打造成通用的底层 AI 技术开放给各行各业使用之后，AI 就能快速地掌握人类各个专业领域的专业知识，并在各个领域得以广泛应用。

正如创新工场董事长李开复指出"在深度学习的重大突破之后，AI 已经处于从 1.0 迈入 2.0 的拐点，AI 2.0 将是提升 21 世纪整体社会生产力最为重要的赋能技术"。这是 AI 的历史性飞跃，也将是一场势不可挡的变革。

我们可以预见的一部分未来——AI 的赋能将极大地促进整体社会生产力的提升，让数字自动化、虚拟工厂等成为现实；AI 将驱使着部分人成为顶层设计师、整体战略家，个体的创造力和生产力将得到延伸；AI 将降低部分工作的门槛，稀释经验的价值，让人们快速学习和进入各个行业。

6.3.2 如何适应人工智能时代?

当然，随着人类文明迈向人工智能时代，摆在我们面前的另一个重要的问题是，我们如何适应这个新时代的到来？一个不可回避的问题是，相比于人工智能，人类的特别之处是什么？我们的长远价值是什么？

显然，人类的特别之处不是机器已经超过人类的那些技能，比如算数或打字，也不是理性，因为机器就是现代的理性。相反，我们可能需要考虑相反的一个极端：激进的创造力、夸张的想象力、非理性的原创性，甚至是毫无逻辑的慵懒，而非顽固的逻辑。到目前为止，机器还很难模仿人的这些特质。事实上，机器感到困难的地方也正是我们的机会。

1936 年的电影《摩登时代》，就反映了机器时代，人们的恐惧和受到的打击，劳动人民被"镶嵌"在巨大的齿轮之中，成为机器中的一部分，连同着整个社会都变得机械化。这部电影预言了工业文明建立以后，爆发出来的技术理性危机，把讽刺的矛头指向了这个被工业时代异化的社会。而我们现在，其实就生活在一个文明的"摩登世界"里。

各司其职的工业文明世界里，我们做的，就是不断地绘制撰写各种图表、PPT 以及文宣汇报材料，每个人都渴望成功，追求极致的效率，可是每天又必须做很多机械的、重复的、无意义的工作，从而越来越失去自我，丢失了自我的主体性和创造力。

著名社会学家韦伯（Max Weber）提出了科层制，即让组织管理领域能像生产一件商品一样，实行专业化和分工，按照不加入情感色彩和个性的公事公办原则来运作，还能够做到"生产者与生产手段分离"，把管理者和管理手段分离开来。虽然从纯粹技术的观点来看，科层制可以获得最高程度的效益，但是，因为科层制追求的是工具理性的低成本、高效率，所以，它会忽视人性，限制个人的自由。

尽管科层制是韦伯最推崇的组织形式，但韦伯也看到了社会在从传统向现代转型的时候，理性化的作用和影响。他更是意识到了理性化的未来，那就是人们会异化、物化、不再自由，并且人们会成为机器上的一个齿轮。

从消费的角度来看，如果消费场所想要赚更多的钱，想让消费在人们生活中占据主体地位，就必须遵守韦伯提到的理性化原则，比如按照效率、可计算性、可控制性、可预测性等进行大规模的复制和扩张。

于是整个社会目之所及皆是被符号化了的消费个体，人的消费方式和消费观随着科学技术的发展、普及和消费品的极大丰富和过剩，遭到了前所未有的颠覆。在商品的使用价值不分上下的情况下，消费者竞相驱逐的焦点日益集中在商品的附加值即其符号价值，比如名气、地位、品牌等观念上的东西，并为这种符号价值所制约。

在现代人理性的困境下，与其担心机器取代人类，不如将更加迫切的现实转移到人类的独创性上，当车道越来越宽，人行道越来越窄，我们重复着日复一日的工作，人变得像机器一样不停不休，我们牺牲了浪漫与对生活的感知力，人类的能量在式微的同时机器人却坚硬无比、力大无穷。

所以不是机器人最终取代了人类，而是当我们终于在现代工业文明的发展下牺牲掉独属的创造性时，我们自己放弃了自己。苹果总裁库克在麻省理工学院毕业典礼上说："我不担心人工智能像人类一样思考问题，我担心的是人类像计算机一样思考问题——摒弃同情心和价值观并且不计后果。"或许对未来而言，人工智能面临的最大挑战并不是技术，而是人类自己。

6.3.3 技术狂想和生存真相

当然，即便是当前大火的 ChatGPT 也只是帮助我们更有效率的生活，并不会造成《西部世界》中机器人和人的对抗的局面，也无法动摇整个工业信息社会的结构基础。不过，ChatGPT 的狂潮，也给了我们重新思考人类与机器关系的机会。

如果以物种的角度看，人类从敲打石器开始，就已经把"机器"纳入自身的一部分。作为一个整体的人类，早在原始部落时代就已经有了协助人们的机械工具，从冷兵器到热兵器作战，事实上，人们对技术的追求从未停止。

只是，在现代科学加持下的科技拥有曾经人类想不到的惊人力量，而我们在接受并适应这些惊人力量的同时，我们又变成了什么？人和机器到底哪个才是社会的主人？这些问题虽然从笛卡尔时代起就被很多思想家考虑过，但现代科技的快速更迭，却用一种更有冲击力的方式将这些问题直接抛给了我们。

难以否认，我们内心深处，在渴望控制他人的同时，也都有着担心被他人控制的恐惧。我们都认为，哪怕自己身不由己，至少内心依然享有某种形而上的无限自由。但现代神经科学却将这种幻想无情地打碎了，我们依然是受制于自身神经结构的凡人，思维也依然受到先天的限制，就好像黑猩猩根本无法理解高等数学一样，我们的思维同样是有限并且脆弱的。

但我们不同于猿猴的是，在自我意识和抽象思维能力的共同作用下，一种被称为"自我意识"的独特思维方式诞生了，所以才有了人类追问的更多问题，但我们也不是神，因为深植于内心的动物本能作为早已跟不上社会发展的自然进化产物，却能对我们的思维产生最根本的影响，甚至在学会了控制本能之后，整个神经系统的基本结构也依然让我们无法如神一般全知全能。

纵观整个文明史，从泥板上的汉谟拉比法典到超级计算机中的人工智能，正是理性一直在尽一切努力去超越人体的束缚。因此，"生产力"和"生产关系"的冲突，也就是人最根本的异化，而最终极的异化，并非指人类越来越离不开机器，而是这个由机器运作的世界越来越适合机器本身生存，归根结底，这样一个机器的世界却又是由人类自己亲手创造的。

从某种意义上，当我们与机器的联系越来越紧密，我们把道路的记忆交给了导航，把知识的记忆交给了芯片，甚至两性机器人的出现能帮我们解决生理的需求和精神的需求，于是在看似不断前进的、更为便捷高效的生活方式背后，身为人类的独特性也在机械的辅助下实现了不可逆转的"退化"。我们能够借助科技所做的事情越多，也就意味着在失去科技之后所能做的事情越少。

尽管这种威胁看似远在天边，但真正可怕的正是对这一点的忽略，人工智能的出现让我们得以完成诸多从前无法想象的工作，人类的生存状况也显然获得了改变，但当这种改变从外部转向内部、进而撼动人类在个体层面的存在方式时，留给我们思考的，就不再是如何去改变这个世界，而是如何去接纳一个逐渐机械化的世界了。

人类个体的机械化，追求的是一个根本的目标：超越自然的束缚，规避死亡的宿命，实现人类的"下一次进化"。但与此同时，人类又在恐惧着智能化与机械化对人类本身的物化。换言之，人类在恐惧着植入智能化与机械将自己物化的同时，也在向往着通过融入信息流来实现自己的不朽，却在根本上忘记了物化与不朽本就是一枚硬币的两面，而生命本身的珍贵，或许正在于它的速朽。在拒绝死亡的同时，我们同时也拒绝了生命的价值；在拥抱信息化改造、实现肉体进化的同时，人类的独特性也随着生物属性的剥离。

人工智能已经踏上了发展的加速车，在人工智能应用越来越广的时下，我们还将面对与机器联系越发紧密的以后，而亟待进化的，将是在崭新的语境下，我们人类关于自身对世间万物的认知。

人工智能，一项人类社会从来没有面对过的挑战性，这项技术的出现与突破，将对人类社会以往所构建的一切，无论是生产资料、生产要素、生产方式，还是依赖于这些生产要素所构建的生活方式与人文价值体系，都将带来新的挑战。对于教育的影响将会变得更加深远，很显然，在人工智能时代，我们人类所需要的关键能力就是使用人工智能的能力，而并不是跟人工智能竞争。

未来，正在以超乎我们想象的速度在到来，我们准备好迎接了吗？